生活因阅读而精彩

生活因阅读而精彩

当你真正开始爱自己

雅米 著

中國華僑出版社

图书在版编目(CIP)数据

当你真正开始爱自己 / 雅米著.—北京：中国华侨出版社,2014.12

ISBN 978-7-5113-5026-8

Ⅰ.①当… Ⅱ.①雅… Ⅲ.①人生哲学-通俗读物 Ⅳ.①B821-49

中国版本图书馆 CIP 数据核字(2014)第274008号

当你真正开始爱自己

著　　者 / 雅　米
责任编辑 / 文　筝
责任校对 / 王京燕
经　　销 / 新华书店
开　　本 / 787 毫米×1092 毫米　1/16　印张/17　字数/234 千字
印　　刷 / 北京建泰印刷有限公司
版　　次 / 2015 年 1 月第 1 版　2015 年 1 月第 1 次印刷
书　　号 / ISBN 978-7-5113-5026-8
定　　价 / 32.00 元

中国华侨出版社　北京市朝阳区静安里 26 号通成达大厦 3 层　邮编：100028
法律顾问：陈鹰律师事务所
编辑部：(010)64443056　64443979
发行部：(010)64443051　传真：(010)64439708
网址：www.oveaschin.com
E-mail：oveaschin@sina.com

前言

爱自己需要勇气，有时需要否定过去。爱有时带来疼痛，这是因为我们需要割裂错误的过去和不良的习惯，而不是为了一时的舒服拖延问题。

爱自己是接受真实，而不是放大幻想。爱是实在的情感，关爱的步骤就是正视现实，脚踏实地，不能让自己生活在白日梦中，贪图一时的精神快感。

爱自己是自我欣赏，不是自我沉溺。爱自己就是要培养一个优秀的自己，这就需要打从心底欣赏自己，但不能因此自恋，把自己当成完美的化身。

爱自己是寻求自身与环境的和谐，而不是自私自利。爱自己固然重要，但以自我为中心，不尊重他人，反而会害自己失去更多被爱的机会。

爱自己是对优点的发掘，不是对缺点的纵容。爱也是一种鞭策，要不断完善自我，发掘自我，而不是放着自己的缺点不管，任由缺点变成缺陷。

爱自己需要寻找问题的答案，而不是和自己过不去。爱包含深刻的思考，我们需要不断诘问自己，反省自己，但这种诘问是向前的，而不是反复为过去纠结。

……

一个人只有学会爱自己，才能真正懂得生命的含义，体会生活的快乐，展现最真实的自我，得到最丰富的收获。一个自爱的人才能懂得爱他人，爱环境，爱事业，他的生命才有一个理想的质地，其中有充盈的自信、学识、气量。当我们对自己的现状不满时，爱自己，是解决问题的根本办法。

这是一本适合睡前阅读的静心书和成长书，在宁静的夜晚，倾听自己最真实的声音，它会告诉你如何与自己相处、如何与这个世界相处。

目录

第一辑 真实

第二辑 尊重

第五辑 单纯

第六辑 自爱

第一辑

/

真实

/

当我真正开始爱自己，

才认识到，生活中有快乐，也有痛苦，

有甜蜜的期待也有难熬的折磨，

但只有这些合在一起，才是生活最真实的样子。

勇敢地去面对生活，诚实地对待每一件事，

守住本心，便是“真实”。

第一课

最不喜欢的事物最真实

生活中有很多你不喜欢的事？例如，你在单位拼命工作了很多年，而老板却把晋升的职位给了别人；有些人不学无术，但老天似乎总是对他一路绿灯，而你很努力、很勤奋，却处处碰壁……很多人难以接受这样的事情，轻则心情郁闷、灰心丧气，重则可能整天怨天尤人、愤世嫉俗。

殊不知，这些行为或许能够解一时之气，但一点实际用处也没有，丝毫改变不了目前的境遇，只会徒然增加自己的烦恼罢了。因为世界往往是残酷而真实的，是我们无法改变的，或至少是暂时无法改变的。

那么该如何办才好呢？告诉你，如果你爱自己，就该学着去面对。世界上并不只有你一个人，地球也不只是为你而转，不可能所有的事情都按照你的意愿发展。面对一个强大的、不喜欢的环境，一味地反抗和逃避都是徒劳的，唯一的、最好的办法就是敢于承担、勇敢面对。

黄铜在一家人寿保险公司上班，这是一份很难做的工作。第一个月、第二个月、第三个月……黄铜虽然很努力、很勤奋，但业务开展却很困难，结果老板不仅每月只象征性地给他几百元，还总是阴沉着脸斥责他。黄铜觉得委屈极了，之后对工作也敷衍了事，他曾愤愤地对一个朋友说："业务不好也不怨我啊，我到公司都一年了。苛刻的老板连工资都不给我涨。改天我要对他拍桌子，然后辞职不干。”

听了这话，这位朋友反问黄铜：“你把保险业务都弄清楚了吗?”

“没有,”黄铜回答，“工资那么少，我为什么要做那么多?”

“要我说啊，你应该把业务完全搞通，然后再一走了之，这样才值!”朋友说道。

黄铜听从了朋友的建议，一改往日的散漫作风，开始认真工作起来。他不仅学习保险业务，还研究如何推销保险的方法。怎么样做才能让人们愿意接受保险业务员呢？考虑到人们拒绝保险是因为不了解保险，黄铜决定在社区里举办一场场“保险小常识”讲座，免费为居民们讲解保险方面的常识。结果，接下来的工作进行得顺利多了，黄铜的业绩突飞猛进，薪水也跟着翻倍了。

黄铜的待遇为何发生了改变呢？是他所在的公司不一样了吗？是他的老板换了人了吗？不是！公司是同一家，老板也没有变，是黄铜自己发生了改变。他接受了老板的苛刻，接受了工作中的难题，他的工作态度变得主动热情，能力日益提高，老板自然对他刮目相看，给他涨薪了。

最不喜欢的事物最真实，但这并不重要，重要的是你的选择：是选择软弱地屈服于环境，绝望地等待世界对你的裁决，还是豁达地面对不如意，用行动去改变自己，进而达到改变现状的目的，一切取决于你自己，就看你如何把握了。显而易见，后者才是我们取得发展、获得成功的明智之选！

美国著名小说家塔金顿年轻时曾蒙眼体验过一次盲人生活，事后他直呼“受不了，太可怕”，并断言“我可以忍受一切变故，除了失明，我绝不可能忍受失明”。可在六十多岁的时候，有一天塔金顿正在低着头扫视房间地面上的地毯，他突然发现自己看不清地毯的颜色和图案了。去医院检查，医生告诉他一个不幸的消息：他的视力正在减退，其中一只眼已几近失明，另一只也快瞎了。

塔金顿最恐惧的事发生了，家人都以为他会沮丧，会抱怨，甚至自暴自弃。但塔金顿毕竟已是阅历无数的一位老人，他的反应很平静，反而宽慰家人说："虽然我不喜欢发生这样的事情，但我也知道自己无法逃避，所以唯一能减轻受苦的办法，就是爽爽快快地去接受它。"为了恢复视力，塔金顿在一年之内做了12次手术，而且他没为这事烦恼，还经常会努力鼓励病友们振作起来。眼球里有黑斑浮动，会挡住塔金顿的视线，当有人问他是否感到不便时，他还因此发挥了一把幽默："当它们晃过我的视野时，我会说'嗨！天气这么好，你要到哪儿去'。"

塔金顿积极地适应着这样的生活，最终他的视力居然恢复了。在谈及自己的那段经历时，塔金顿感慨道："即便我的眼睛失明了，我还可以靠思想生活，我有终生追求的理想，我有爱我和我爱着的人……这件事教会我如何忍受，而且使我了解到，生命所能带给我的，没有一样是我能力所不及而不能忍受的。"

现实有时会很残酷，现实有时会很无情，现实有时又会很无奈，这就是真实的世界。不喜欢不要紧，有些事终究要面对，不是吗？只有勇敢才能安然渡过，不怕吃苦才能化险为夷，坦然面对才能活出滋味。

新英格兰先验论派著名女性主义者玛格丽特·富勒的人生信条就是："宇宙中的一切都是必然的，我接受宇宙中的一切。"当脾气古怪的苏格兰作家托马斯·卡莱尔听到这句话后，不禁大声吼道："我的天哪！她最好如此。"是的，我的天哪，你我最好都如此，如此坦然接受那真实的、不可逃避的一切。

第二课

偏见比无知更可怕

偏见可谓是真实的“天敌”，比无知还要可怕。为何如此说呢？这是因为，偏见是对问题的一知半解，对事物的不全面看待，带有偏见的人大都就像戴着墨镜在“行走”，往往“一叶障目，不见泰山”，不能心平气和地面对眼前的人和事。这样就走进了一个怪圈：越偏见越不理智，然后更加偏见。

有这样一个著名的测试，就很能说明这一点。

现在要选举一名领袖，你这一票很关键，下面是这三位候选人的情况：

候选人 A：跟一些不诚实的政客有往来，而且会咨询占星学家，他有婚外情，是一个老烟枪，每天喝 8~10 杯的马丁尼。

候选人 B：他过去有两次被解雇的记录，睡觉睡到中午才起来，大学时吸过鸦片，而且每天傍晚会喝一大夸脱威士忌。

候选人 C：他机智勇敢，英俊潇洒，慷慨大方，热心公益。他爱笑，不抽烟，在他周围，总是活跃着一群朋友。

请问，你会在这三个候选人中选择谁？相信你会和大多数人一样选择候选人 C。理由很简单，候选人 A 跟不诚实的政客往来、有婚外情，又是烟鬼、酒鬼，这些表明他的私生活混乱；候选人 B 两次被解雇，爱睡懒觉，很有可能说明他能力不足；而候选人 C 身上所具备的那些品质，无疑这都是优秀的。

但当你知道，候选人 A、B、C 其实分别是富兰克林·罗斯福、温斯顿·丘吉尔和意大利最著名的强盗罗宾汉时，你是不是张大了嘴巴？反思自己的选择，你会发现：事情并非简单的非黑即白，人物也不是单纯的非好即坏。

其实只要是人都有可能产生偏见，毕竟我们的认识能力太有限，知识水平也有限，很难保证对任何事物的看法都符合真实的实际情况。但事情的关键在于我们的态度，当我们面对不同的观点或不了解的事物时，能不能以一种求实的态度面对，不以偏概全，让自己变成理智的思考者。

有一个美国白人有着强烈的种族主义，他从小就认为黑人低人一等，是没有没有素质、没有涵养的，所以他从不和黑人交朋友，也不和他们说话，在大街上遇到黑人时他会躲得远远的。甚至在举办的班级舞会上，他都会在请帖上明确注明“拒绝任何黑人参与”，而丝毫不去考虑班里的那些黑人同学的感受。尽管身边有人劝说他不该如此不公平地对待黑人，可他依然我行我素。

后来他不幸地遭遇了一场车祸，虽然大难不死，可是眼睛却失明了。他感到非常痛苦，后来求助于一位眼科医生。这是一位善良而专业的医生，他耐心地开导他，不停地鼓励他，并且还教他如何靠手杖走路、学习盲文，等等。慢慢地，他终于走出了心理阴影，也能够独立生活了。他非常感谢和信赖这位医生，将对方看成自己的良师益友，后来他才知道，这位医生是个黑人。他一开始有点气恼，但很快又明白了过来，肤色原来没有那么重要，黑人也不是想象中的那么糟糕。认识一个人，只知道他是好人还是坏人就可以了，至于肤色其实是毫无意义的。

从此以后，他的偏见就慢慢地完全消失了。他认识了好几个黑人朋友，他们的关系很好，经常在一起聊天、唱歌等。后来，他还和一位黑人姑娘结了婚，过得十分幸福。“我失去了视力，也失去了偏见，多么幸福的事！”他大笑着说。

左右我们行为的最大困扰是偏见，影响我们行为的最大阻碍是偏见。不断改造内心的非理性观念，理智客观地看待问题，心平气和地讨论问题，是我们每个人应坚持的事实。这个世界，多些真实，少些偏见，可能更真实、更和谐，而我们也会变得更平和、更睿智，能更好地爱世界、爱自己。

第三课 批评比夸奖更值得倾听

“金无足赤，人无完人”，无论你是谁，现在有多优秀、多成功，总难免会犯各种错误，遭遇别人的批评。小时候淘气，免不了受父母的责骂；上学后又多了老师的批评；参加工作了，领导的批评更是接踵而至……这时候，你会如何应对呢？

事实是，多数人喜欢被别人夸奖，不喜欢被人批评。人们一听到别人的批评心理上就会觉得不舒服，或面红耳赤，忐忑不安；或刚愎固执，暴跳如雷，恼羞成怒，死不认错；或当面千恩万谢地接受，转个身却忘得一干二净；或心生怨恨，寻衅回击……回想一下，生活中你是否会有这些表现？

喜表扬，恶批评，这是一种普遍存在的现象。但如果你想真正爱自己，想赢得别人的欣赏和爱戴，一定要杜绝以上几种做法。因为一个人不能接受批评，就发现不了自己存在的不足。这就犹如讳疾忌医，人若是生病了，逃避是毫无意义的。总是逃避，只会导致病情更加严重，直至无药可救。

成语“讳疾忌医”，来自于一个真实的历史故事。

春秋时，蔡国名医扁鹊被蔡桓公召见，并受到了热情的招待。席间，扁鹊认真地对蔡桓公说：“大王，我发现您的皮肤肌理之间有小的毛病，若不赶快医治，病情将会加重!”蔡桓公是个自信的人，听后不以为意地说：“我没有病。”待扁鹊退下后，他对旁人说：“医生就是喜欢靠治疗没有病的人来炫耀自己的本领，我才不信呢!”

十天后，扁鹊又去见蔡桓公，看着他的脸色，忧郁地说他的病已经发展到肌肉里，如果不治，还会加重。蔡桓公听了脸上显露出厌烦和不高兴的神色，没有理睬扁鹊。扁鹊只好退了下来。

又过了十天，扁鹊又去见蔡桓公，说他的病已经转到肠胃里去了，再不从速医治，就会更加严重了。这次蔡桓公显得更生气了，他扭转头，拂袖而去。

又过了十天，扁鹊去见蔡桓公时，只对他望了一望，回身就走。蔡桓公感到纳闷，派人追上去询问其中的缘故。扁鹊回答说：“当初，国君的病仅在肌表，汤药和灸法可以治；在血脉，针刺可以治；在肠胃，药酒尚可治。现在病入骨髓，我已经救不了了啊。”

十天以后，蔡桓公浑身疼痛，果然病倒了。他忙派人去请扁鹊，但扁鹊早已经逃到秦国了，蔡桓公不久就死去了。

讳疾忌医不可取，一个人有缺点并不可怕，可怕的是不敢正视它、承认它。

我们为什么不愿意接受批评呢？说到底，是因为我们拒绝真实。批评就如有个人拿着一面镜子在我们面前，使我们不得不看清自己，不得不面对自己的一些缺点，接受一个真真实实的自己。而人的本性又是趋利避害的，批评愈真实，我们就愈加害怕，因而就越想逃避，越想拒绝。

反过来说，这也就意味着，别人批评我们是希望我们看清自己，希望我们改过缺点、完善自己。现代社会，能够直言不讳地指出他人缺点者已经日渐减少，因为夸耀的好话每个人都喜欢听，而批评的话则不然了，它很刺耳。我们大多不愿意冒着使别人恼恨的危险去批评别人，而是以一种独善其身的态度看待罢了。能够不顾后果提出批评者，一定是对我们怀有深厚感情之人。

春秋战国时期，墨子与他的弟子耕柱之间发生的一件事情就很巧妙地说明了这一点。

耕柱是最早拜师于墨子的弟子之一，他尊师尚学，勤奋刻苦，在众多门生之中是公认的最优秀的人，但他却总是挨墨子的责骂，这让他感到很没面子，为此郁闷不已。

这天，耕柱又挨了骂，他委屈地问墨子："难道我真的很差劲吗?"

听了耕柱的话后，墨子反问道："拉车的话，你会用良马还是劣马?"

"当然用良马，良马足以担负重任，值得驱遣。"耕柱回答说。

"你答得一点也没有错，"墨子意味深长地解释道，"我之所以时常责骂你，也是因为你能够担负重任，值得我一再教导与匡正啊。"

耕柱明白了老师的良苦用心，此后挨骂时再无怨言，相反愈发努力，最终成了墨子思想的继承者。

俗话说"良药苦口利于病，忠言逆耳利于行"，批评是别人送给我们的最有价值的礼物。所以，我们千万不要不理或拒绝别人的批评，而是要诚恳、虚心地接受别人的忠告，进而重新评估自己的价值，把批评的压力变成继续前进的动力。不惧真实、坦然接受批评的人，往往是有大智大勇的人。

那些爱自己的人往往都深知这一点，他们勇于承认自己的错误，不把挨批当作受委屈。他们不仅能愉快地接纳别人的批评，而且会大度地欢迎别人的批评，彻底反省、思过、改进，接受忠告并善加活用，从而使他人的批评成为自我成长的原动力，变得越来越优秀，最终成就了自己的大业。

原一平是日本保险业的“泰斗”，他在27岁时进入日本明治保险公司开始推销生涯。当时，他穷得连午餐都吃不起，经常露宿公园。有一天，他向一位老人推销保险，等他详细地说明之后，谁知老人却平静地说自己丝毫不感兴趣。原一平哑口无言，老人解释道：“年轻人，你知不知道自己的不足之处在哪里呢？毫无保留地彻底反省，发现自己的不足吧。如果做不到这一点，你将来就不会有什么前途可言……”

原一平接受了老人的教诲，他策划了一个“批评原一平”的集会，邀请亲朋好友、同事客户们畅所欲言，对自己提出批评。为了表示自己的真诚，他每次开会时，都会给被邀请者准备酒水、牛排等。“你的个性太急躁了，常常沉不住气”、“你有些自以为是，往往听不进别人的意见”、“你欠缺丰富的知识，必须加强进修”……原一平把大家提出的这些宝贵意见都一一地记了下来，每天晚上八点他再进行反省。

从1931年到1937年，“原一平批评会”一共连续举办了六年。其间，原一平真心接受了别人的批评，认真地反省了自己，一一战胜了自己的缺点，这让他每天都感觉自己像获得了重生一样。随着反省的定期进行，原一平的工作表现越来越好，每周举办的业绩排行榜他都独占鳌头，最终成为日后的“日本推销之神”，并连续15年保持全日本销售量第一的好成绩。谈及自己的成功，原一平这样总结道："如果每个人都能把这种批评工作提前几十年，便有50%的人可能让自己成为一名了不起的人。"

批评比夸奖更值得倾听，原一平深知这一点，他的成功关键就在于有接受批评的勇气，能客观公正地审查自己，不留情面地剖析自己，更重要的是他还热烈欢迎别人批评自己，主动要求自己去改正、去改变。通过这种不断地努力，他的个人魅力和工作能力均得到提高，一步步趋于完美。

认真思考其中的道理，并将之贯彻到自己的行为中吧，相信你会受益终生的。

第四课 善意的谎言，温馨的世界

人们厌弃谎言，因为它的存在，人与人之间出现了裂痕。但有时候，这个世界更需要一些谎言，一些善意的谎言，因为这些东西的存在，你才能感受到用眼睛看不到的阳光和温暖。这并非谬论，许多心理学家都曾先后指出过："一个没有谎言的世界会变得很冷酷。"也就是说，这个世界是因为有谎言的存在，才变得真实而充满温馨。

为了他人的幸福和希望而撒的一些小谎言是善良的。它是一种理解、尊重和宽容，而且具有神奇的力量，乃至成为信念的原动力。它让人们心底的希望之火重新燃起，也让人更加坚信这世界上仍然有爱，有希望，有感动。

而这些正是人与人之间沟通的最高境界，心灵的契合往往通过最简单的方式，便有可能达到共振。

英国广播界的获奖先驱布莱恩·金在他最新的畅销书《你别再骗人了》中指出，人性决定人必须讲谎言，说谎是人天生的本领。他说："无论新闻媒体工作者也好，政客也好，商业机构管理人也好，甚至治病救人的医生也好，都是谎言满口。"书中引用了大量的研究结果，最后表明："谎言能够让人类的社交运转得更加畅顺，并维持每个人的自尊。" 布莱恩·金戏称这些谎言是"为了保留别人面子而出于善意的委婉词"。

在最后一章《为谎言辩解》中《没有谎言的世界》一节中，布莱恩·金写道："科学家曾致力于研究促使人类说谎是大脑的哪些部位。假如基因工程可以抑制说谎的本能，使人类无法说谎，那会发生什么事呢？也许结果是：首先司法制度将变成多余，因为犯罪之人会乖乖自首、认罪；其次，没有谎言的世界也有缺点，因为有的谎言和骗局会给我们带来消遣和欢乐，一个没有文学、戏剧、嬉戏和恶作剧的世界听起来就缺乏吸引力；再次，我们每天都会使用委婉语化解尴尬，若失去这些珍贵、充满谎言的社会互动工具，那么我们如何对他人嘘寒问暖或表示关心？少了委婉语的润滑，社会必然会充满摩擦和愤怒。"

从哲学的层面上来看，谎言是形式，善意是内容。有时，为了打破人与人之间的心墙，则需要召唤回"人之初，性本善"的一些本初的爱。与其费尽心思去琢磨如何表达真相的技巧，不如利用简单的"委婉词"。这不仅省去了我们谋篇布局的心思，而且也让对方的心中充满了温情与力量，从而冲破内心的樊笼，拉近彼此间的距离。

诚然，我们可以理解人们对谎言的深恶痛绝，也有很多人的人生信条就是“言而无信不可交也”。可是，当真相与生命并重的时候，前者就有可能成为“凶手”。谎言也是这个世界真实的一部分，你无法否认，因为它带来的温暖是真正可以感受到的！

与之相对的，有时残酷的真相反而更像是一种谎言，欺骗了人们的希望，就像下面这个医生的一次实话实说，让一个本来还可以活半年的癌症病人居然半个月就踏上了黄泉路。

那时，他到一家医院做实习医生，遇到了一位47岁的官颈癌患者，其病情已经很严重了。但他看到导师非常平静地给患者开了药，并无特别在意地说慢慢会好的。他对此大为不解，认为患者本来就已经够倒霉的了，作为医生，怎么还能欺骗她呢！于是，他看完诊断后，一股脑儿地把官颈癌的所有情况说给了病人。万万没想到的是，病人当场脸色苍白晕倒在地，阴道流血不止，很快浸湿了外裤。

导师瞪了他一眼，让护士赶紧把病人抬进去住院。本来是她自己走来开药的，是实话让她的精神彻底崩溃了。病人从此拒绝进食，半个月后就告别了人世。临走前，她遗憾地告诉他们，还有三个月女儿就要考大学了，可惜她等不到那一天了。那位女患者临终前的遗憾也成了这个实习医生今生最大的憾事。后来，虽然没有人再去谴责过他，但他从内心里却感到永远内疚，好像自己就是杀人凶手似的。他不能原谅自己的那次实话实说，让原本可以延长至少半年的生命在短短不到20天的时间里就悄然而去了！

从那以后，这位实习医生学会了适时地“撒谎”。为了延长病人的生命，更为了让患者在人生的最后岁月里对生活仍然抱有美好的希望而活着，他会用谎言时时地去安慰对方。因为他懂得了面对患者，也许有时候，谎言也能够疗伤。

透过现象看本质，你便能够看到善意谎言下那满满的爱。爱自己也好，爱他人也罢，你需要做的是站在客观角度考量，怎样做才是最好的，若说些无伤大雅的谎言能够让对方好过一些，那么就用真实的温暖来包围他。

故事向我们证明了一点，那就是生活中是需要一些“白色”谎言的，这与纯洁无关。善意的谎言是美丽的，它不是欺骗或居心叵测。当我们为了他人的幸福和希望而适度地撒一些小谎的时候，谎言即变为了一种理解、尊重和宽容，而且具有神奇的力量。医生的一句善意谎言，让恐惧的病人由毁灭走向新生；父母的一句善意谎言，让涉世不深的孩子笑颜如花，灿烂生辉；老师的一句善意谎言，让彷徨学子不再困惑，更好地成长……

善意的谎言是出于美好愿望的谎言，是人生的滋养品，也是信念的原动力。它让人从心底重新燃起希望之火，也让人确信这世界上还有爱、信任和感动，让人找到更多笑对生活的理由。善意的谎言赋予人类灵性，体现情感的细腻和思想的成熟，促使人坚强执着，不由自主地去努力、去争取，最后战胜脆弱，绝处逢生。

看到了吧，善意的谎言往往要比事情的真相简单得多，它无须为了避免对方的“遐想”而遣词造句，只需怀有一颗至善而爱的心，就可以达成一种美妙的沟通效果，既不会玷污文明，更不会扭曲人性。如此，我们不妨在与人交流中巧妙地运用一些“委婉词”，让彼此传达出的信息更加和谐。

第五课

朱与墨，都是可选择的真实

认识谁，比你是谁更重要。和什么样的人在一起，你就会有什么样的人生。

这并非危言耸听，我们不妨来看一则故事。

有一个猎人在高山的鹰巢里抓到了一只幼鹰，出于好心，他把幼鹰带回了家，养在了鸡笼里。幼鹰每天都住在鸡窝里，与其他的小鸡们一起啄食、嬉戏。慢慢地，幼鹰长大了，羽翼也丰满了，猎人想把它训练成猎鹰。可这只鹰已经丧失了飞的愿望和能力，怎么也飞不起，只能和鸡一样了。

雄鹰本该展翅翱翔，搏击长空，却因为在鸡窝里长大，失去了飞翔的本领，多么可惜啊！动物如此，人亦然。原本你很优秀，由于身边缺乏积极进取的人、缺少远见卓识的人，你也会缺乏向上的压力，丧失前进的动力而变得俗不可耐、平平庸庸，这就是潜移默化的力量和耳濡目染的作用。

当你真正开始爱自己，你必须接受一个现实，那就是近朱者赤，近墨者黑，身边的朋友是一生中影响你最深的人。试想，如果你身边的朋友整天除了胡吃海喝、上网玩游戏、夜半泡酒吧以外，一件正经八百的事情也没有做过，真不敢想象，你能有多优秀，你也总会有欲哭无泪的一天。

真实是双面的，“近朱”还是“近墨”看你的慧眼。你若爱自己，就要对自己身边的人进行选择，即和消极的人保持距离，并且要尽量有意识地避开那些你不尊重、不羡慕、不想像他们一样的人。同时，你要选择那些积极乐观、比自己优秀和成功的人，这对我们的成长和发展非常有益。

例如，与身体健康的人多接触，他们会鼓励你制订锻炼和营养计划，让你拥有一个健康的生活；与懂得如何生活的人多接触，他们会教你有益身心的生活秘诀，让你享受美好的生活；与事业成功的人多接触，他们会教你智慧、经验、技术等，帮助你在职场上大展拳脚，创造辉煌的事业……

微软的联合创始人保罗·艾伦原来只是一个普通的职员，他身边也都是一帮普普通通的人，大家除了日常工作之外，就是聚在一起聊天、喝酒……后来艾伦觉得这样的生活无比的空虚和无聊，自己不能一直持续这样的生活状态。所以，他离开了自己的那些朋友，开始积极地与成功人士交朋友。

当艾伦得知比自己低两个年级的学弟比尔·盖茨和自己一样迷恋计算机，并打算干一番事业，他认为这是一个乐于进取的、不同寻常的人，于是便抓住一切可以利用的机会去与比尔·盖茨交往，最终赢得了对方的信任和友谊。

艾伦和盖茨这位志同道合的天才在一起之后，他们经常一起研究、讨论计算机，甚至比赛编程。艾伦的思维变得更敏捷，头脑更灵活，微软公司诞生了。后来，微软公司成为世界著名的企业，艾伦因微软的股份在《福布斯》富豪榜上名位前五名，个人资产也达到了两百多亿美元，是众多人所不及的。

保罗·艾伦之所以能取得如此成就，不得不说是得益于他当初慧眼识英雄，有意识地与比尔·盖茨接触，并不断提高和完善了自我能力。

马克·汉森是史上最成功的畅销书《心灵鸡汤》系列的策划者，也是一位激发人们积极性的演说家。一次马克·汉森参加活动时，一位靠出书成为百万富翁的作家请教道："马克·汉森先生，我们都在教别人成功，我的书才卖到一百多万本，你的书为什么可以卖到五千多万本，收入是我的几十倍？我不是抱怨我挣得少，而是你真的比我成功几十倍，请你告诉我成功的秘诀。"

马克·汉森回答道："这要看你和谁在一起。"

见对方一副不解的样子，马克·汉森追问道："你每天都和谁在一起？"

"我每天都跟百万富翁在一起，他们都很有钱，很有素质……"那人很骄傲地回答道。

马克·汉森笑了一下说："这就是你的问题，我每天都跟千万富翁在一起，这就是我成为千万富翁，你却只能成为百万富翁的差别。"

如果你不是含着"金汤匙"出生，却想成为人人艳羡的成功人士，那么，擦亮你的眼睛，区分身边的"朱"与"墨"，近朱远墨，汲取更多的成功思想与走向卓越的方法。

第六课 童话是不是骗人的

童话与真实，这是个很棘手的话题。

从童话里，我们知道纯洁的女孩会遇到英俊王子，善良的人会过上幸福生活，天使会保护有爱的人……在我们的心底，也总有各种各样美好的幻想，那是不受外界干扰，纯洁完美的世外桃源，是真正属于自己的世界……但当我们渐渐长大会发现，童话往往不是真实的，更不能展现真实的人生。

一个很经典的网络段子就很能说明这一问题："骑白马的不一定是王子，他可能是唐僧；带翅膀的也不一定是天使，那可能是鸟人。"既然如此，如果我们分不清幻想和真实的区别，一味地陷于童话的幻想中，那么就是在给自己的思想增加负担，我们不仅感受不到生活的美好，更会蹉跎了自己的人生。

现实是不如童话美好，因为童话太过虚幻、完美了。但现实并不残酷，只是看你如何看待和接受而已。而心中充满对美好生活的幻想也不是错，只要我们能在幻想中得到正能量，将自己的身心置于实实在在的现实中，看清日子的模样，活出真实的自己，然后告别幻想，这才是童话的真意。

艾拉是一个生性浪漫的德国女人，年轻的她幻想自己拥有一辆高端大气的跑车，享受风驰电掣的快感；她幻想自己有一天能周游世界，去巴黎看歌剧，去日本看樱花；她还幻想能找到一位英俊潇洒，又幽默十足的英国绅士……然而，她在一家工厂找到一份工作后不久，就被一架运转的机器碾压了，她只能在轮椅上度过自己的余生。她不能自由地开跑车，不能去周游世界，而且她还与当地的一位男人结了婚，那个男人长相普通，也不幽默。

那些美好的幻想不可能实现了，认识到这点以后，艾拉觉得自己的人生糟糕透了，她整日郁郁寡欢，后来干脆开始自暴自弃了！艾拉的丈夫是一个善良而聪明的男子，他看到妻子这个样子非常心痛，不仅在日常生活中细心地照顾着她，而且还经常开导她："我知道你有很多美好的想法，但每个人都不可能预测到未来会是什么样子。如果你对生活感到失望，那就将那些想法忘记吧，如此你才可能创造精彩的人生。”听了丈夫的话，艾拉释然了。是呀，虚无的幻想只会白白浪费自己的时间和精力。她努力忘记曾经的那些幻想，顿时感受到生活充满了阳光。

人不能活在虚幻的童话中，与其让世界来展示残酷的一面，不如由自己来一点点地探知。适当地去忘记一些幻想，接受更真实的现实，如此思想才不容易被一些繁杂的事情所缠绕，我们才能把注意力更多地放在眼前，致力于克服现实生活中的困难和挑战，活出真实的自己，并最终达成目标。

的确，命运不会宠爱耽于幻想的天才，相反它更偏爱有真才实学的人。

孙磊和康辉是大学同学，他俩拥有一个相同的职业理想，即做一名电视节目主持人。毕业后，孙磊没有主动地去寻找工作，而是经常对别人说：“只要有人能给我一次机会，让我上电视，我相信自己准能成功，”他不断地气求上天能赐给自己一个机会，等待了一年多的时间，机会也没有光临。他变得焦急、苦闷，又开始将梦想寄托到父母身上：“如果我父母是电视台领导多好，我就……”

康辉则不同，他不像孙磊那样无休止地幻想，而是跑遍了本市每个电视台，但都因没有工作经验被拒绝。不给工作机会，怎能获得经验呢？康辉觉得这个要求太不合理，后来他在招聘会上看到某县电视台正在招聘一名实习主持人，那个县城在山区，偏远荒凉、经济落后，可康辉已经顾不了那么多了，他想：“只要能和电视沾上边儿，能让我主持节目，让我去哪里都行。”康辉这一去就是一年，在这一年的工作时间里，他积累了丰富的工作经验，主持能力也提高了不少。当他再次到市电视台应聘的时候，轻而易举就成功了，并逐渐成为一名著名的主持人。

童话未必是幸福快乐的，现实未必是残酷无情的。那些功成名就的人都是用行动解决问题的人，他们爱自己所以不哄骗自己，会将幻想付诸实际的行动。

所以，不要再纠结于童话与现实之间究竟哪一个更真实，究竟哪一个更可靠，也别再追问童话究竟有没有骗人。童话本身是没有错的，关键在于你能否面对现实，用真实的理想代替无用的幻想。把自己从幻想中拉回现实，将身心置于切实的行动之中，稳稳当当做事才有真才实学。

第二辑

尊重

当我真正开始爱自己，
才懂得，愿望也是需要等待时机的。
在时机还未成熟的时候，将愿望强加于人，
是多么的无理，即便这个人就是自己。
给自己一些留白，给别人一些空间，
便是“尊重”。

第一课

原创自己，而不是山寨别人

在日本流传着这样一个小故事：

一个男孩从小练习书法，也特别喜欢书法，先后创造出了不少作品。九岁时，他参加日本青少年书法展，四幅作品以1400万日元的高价被人收购。当时日本最著名的书法家小田村夫对小男孩的作品也赞叹连连，并预言“这将是日本未来书坛上的一颗璀璨新星”。谁知，这位“小神童”并没有成为“璀璨新星”，居然渐渐地销声匿迹了。这是怎么回事？小田村夫带着疑问专门前往拜访，在看了这位天才书法家的作品之后他不禁仰天长叹。原来随着中日两国文化交流的频繁，东汉书法家王羲之的书法作品东渡日本，王羲之典雅的笔风博得许多日本人的喜爱，也包括这位男孩。男孩带着仰慕之情开始临摹王羲之的字帖，甚至达到了以假乱真的水平，结果他本身的特色被磨得一无所有，也完全没有一点创造性，没特色，没创意，自然不讨好。

一个天才因模仿另一个天才而成了庸才，多么令人惋惜。

那么，你又是否正在做着类似的蠢事呢？反观我们的生活，有多少人渴望成为别人，因羡慕别人的天赋、成功等，亦步亦趋地效仿他人的样子，就连言谈举止、说话腔调都要模仿别人。结果呢？自我的价值被否定了，又没有任何过人之处，这正是人们庸庸碌碌、平平凡凡的根源所在。

我们常说“个性决定命运”，什么是个性呢？个性是一个人比较固定的特性，这可以从言谈举止、为人处世、思想品格等方面表现出来。而且个性是与别人所不同的地方，“这个人”绝非是“那个人”，是一个人的记号或标志。所以，爱自己就要用个性原创自己，而不是山寨别人。

美国人奥格·曼狄诺是世界上最受追捧的演讲家之一，他在其《世界上最伟大的推销员》一书中写道：“我是自然界最伟大的奇迹。自从上帝创造了天地万物以来，没有一个人和我一样，我的头脑、心灵、眼睛、耳朵、双手、头发、嘴唇都是与众不同的。言谈举止和我完全一样的人以前没有，现在没有，以后也不会有。虽然四海之内皆兄弟，然而人人各异。我是独一无二的造化。”

被誉为20世纪最伟大心灵导师的戴尔·卡内基也曾这样告诫我们：“发现你自己，你就是你。记住，地球上没有和你一模一样的人……在这个世界上，你是一种独特的存在。你只能以自己的方式歌唱，只能以自己的方式绘画。你是你的经验、你的环境、你的遗传所造就的你。不论好坏与否，你只能耕耘自己的小园地；不论好坏与否，你只能在生命的乐章中奏出自己的发音符。”

拥有与众不同的个性，才能创造独一无二的自我。综观古今中外，凡是成就一番事业的人，也都是用个性原创自己的人。

一个女孩一直有个梦想，就是当一名演员，为此她寻找一切机会学习表演，接受相应的专业培训。然而，很多人都对她给出了否定意见，原因是她的个子太高、臀部太宽、鼻子太长、嘴巴太大、下巴太小，不像其他女演员一样拥有漂亮的脸蛋、性感的身材。一个制片商甚至直言不讳地对她说：“你不是当演员的料，如果你真想干这一行，除非去把你的鼻子和臀部‘动一动’，像个女演员才行。”

尽管女孩很想进入演艺界，但她断然拒绝了制片商的要求，她回答道：“鼻子和臀部都是我身体的一部分，我为什么非要长得别人一样，像其他女演员才行？”女孩没有放弃自己的理想，她认真地钻研演技，拿捏表演的分寸，最终她成功了，凭借炉火纯青的演技，她获得了1961年度奥斯卡最佳女演员奖。

那些关于“鼻子”、“嘴巴”、“臀部”等的非议也消失了，这些特征反倒成了衡量美女的新标准，当初的女孩还被评为20世纪“最美丽的女性”之一。她就是意大利著名的影星、意大利永远的“女神”索菲娅·罗兰。后来，索菲娅·罗兰在其自传《爱情和生活》中写道：“我知道自己是独一无二的，我知道什么样的化妆、发型、衣服和保健最适合我，从事影视业以来我谁也不模仿。”

索菲娅·罗兰充分认识到自己独一无二的地方，勇敢地面对自己的不同、认同自己的不同，谁也不模仿，坚持做自己，最终形成了一种独特的个性美。如果你也想做自己的正版，活出属于自己的辉煌人生，那就千万不要丢失自己的个性，并且要塑造与众不同的个性。

做盗版的别人，还是正版的自己？

当你羡慕别人的天赋、成功时，当你感到迷茫、困顿的时候，也许是因为你暂时还没有发现自己的个性，不确定自己到底要追求什么。那么，现在你不妨拿出一张纸来，问问自己：“我的个性是怎样的？”“我是否有与众不同的地方？”“我的天赋是什么？”……把你的答案写下来，多多益善。

当你心中已经有了答案，不要浪费一分一秒，保持自我的本色吧！

当然，在此之前你还要明白一点，那就是“阳春白雪，下里巴人”，与众不同的东西在没有获得成功之前总是不被人认可的，甚至会遭到批评、嘲笑等。遇到这种情况时不要怕，因为这正是你个性的标志。一个坚守自我的人必定是坚定的，绝不会因他人的反对而情绪消沉、自我怀疑的。

第二课
在他人心头留一朵花

一个人的品质不仅仅体现于他的成绩、成就，而在于他的为人。尊重是一种为人处世的行为，更是人格魅力的体现，是个人修养的展示。一个人若是尊重别人，那么他便能够得到身边人的认可。一个人若真正爱自己，就要能够给予身边人充分的尊重，在他人心头留一朵花。

有人曾说过："尊重他人，是赢得他人尊重的开端。"是的，我们每一个人都有被人尊重的欲望，但尊重是相互的，只有你尊重别人，别人才会尊重你。而且，相互尊重还是疏通、协调各种人际关系时最重要的一环。只有相互尊重，才能打消对方的疑虑，博得对方的信任，创造真诚的友情。

1987 年 9 月 22 日的一个早晨，哈佛大学的雷万恩教授正在给所有一年级的博士生上人类与心理发展研讨课。

开始上课后，雷万恩教授对大家说："同学们，非常欢迎你来哈佛求学，今天是大家第一天上课。在给大家上课之前，我希望大家在哈佛的学生生涯中不仅要学会做学生，学会做学问，还要学会做人。"说到这里，雷万恩教授刻意停顿了一下，此时已是一片寂静。

他接着说：“大家要在学习当中学会如何跟别人相处，不要死读书，更不要做书呆子。对于学问上的争论，大家既要有自己的观点，不人云亦云，又要有虚心的态度，不要因学术观点不同而伤了彼此间的和气……”

说到这里，雷万恩教授问大家：“我讲这些话，大家有没有什么问题？”

“能不能举几个例子说明一下？”有个同学开口说。

“好！”雷万恩教授笑笑说，“我们就先说做人。在我们系里，论私交我与柯尔伯格的关系最密切，我们毕业于同一所大学，毕业后又同留校工作，后来我们两个人一起到教育学院教书。由于学术见解的差异，我们两个有一段时间几乎到了水火不容的地步。他极力主张人类的道德发展是一致的，而且也是一成不变的；而我则主张人类的道德发展存在着巨大的文化差异。就这个问题，我们定了一条君子协定，就是尽量当面争吵，但背后不要议论对方，而且还要尽量说对方的好话。所以，我现在告诉大家，柯尔伯格是美国乃至世界著名的心理学家，他的理论对心理学的发展做出了突出的贡献。你们说，我是不是在真诚地夸赞他呢？”

大家听了都笑起来，但突然雷万恩教授沉寂下来，一脸沉重地对大家说：“可惜你们今后再也听不到柯尔伯格对我的赞赏了，因为他今年年初已经不幸去世了，他的死对系里和我本人来讲都是一个沉重的打击。他是个真正的学者，别人用四年时间读大学，而他只需要两年时间就把大学的内容读完了。后来，在人类道德发展的研究中，他又巧妙运用一个两难抉择的故事成功地勾画出人类道德判断的三阶六段，使皮亚杰的认知理论在美国发扬光大，也使他的案例研究法为各个学科的学者所广泛运用。在心理学历史上，没有一个人像他一样能从一个小故事的不同判断而开创出一套十分完整的理论体系来。所以说，柯尔伯格为我们开辟了这个先河……”

雷万恩教授在柯尔伯格生前与他在学术上争论不休，但是他们仍保持互相尊重。学术上的分歧让他们一步步接近真理，彼此的尊重让他们成为志趣相投的朋友。一个不尊重他人的人是绝不会得到别人的尊重的，就如一个人对着空旷的大山大声呼喊，你对它不友好，它就不会友好地回应。所以说在人际交往中，你自己待人、处事的态度往往决定了别人对你的态度。毫不夸张地说，你对他人的尊重，就是盛开在别人心间的一朵花，而这朵花正是你在他眼中的样子。

真正的尊重是不分能力大小、权势强弱和地位高低的。现实生活中很多人却难以摆脱世俗的影响，他们只对那些有钱的、有权势的、有学识的、有能力的、有地位的、有美貌的人表示了足够的尊重，这样的行为其实是一种对自己的不尊重。尊重是不分界限的，我们应该将尊重贯彻到每一个人。

任何一个伟大的人都有他渺小的一刻，任何一个平凡的人也都有他伟大的瞬间。因此，一个人是否成功、是否腰缠万贯，并非判定他是否需要尊重的标准。每个人都有权利得到尊重，你是这样，别人也是如此。

尊重他人，就像是开在他人心头的一朵花，为人带来温暖，也为自己赢得喝彩，这难道不是爱自己的表现吗？

第三课

人生不易，得饶人处且饶人

一处寺院里住着一个大师，大师特别喜欢下棋，为了让人陪自己下棋，他宁愿做饭菜给人吃。下棋也是一种竞技，几乎谁都想赢，但这位大师却很特别，他总是让人家先走一步。有人问及原因，大师吟道:“烂柯（围棋的旧称）真诀妙通神，一局曾经几度春。自出寺来无敌手，得饶人处且饶人。”

这就是“得饶人处且饶人”的来历，是指做事须留有余地，照顾和尊重别人的感受。然而我们不少人却做不到这点，一旦与别人发生争执或别人做了错事，就惯常冷言冷语，有理不让人，无理搅三分，不留余地和情面。结果，往往使自己走向孤立无援的地步，生活工作各方面陷于窘迫。

陈妍是从德国留学回来的硕士生，在某一广告公司做策划专员。她学历高，口才棒，思维敏捷，在公司会议中常出风头，她提及的策划方案总能得到众人的肯定。这样的人按说在公司很受欢迎，但陈妍有一个毛病，那就是做事不给人留余地。例如，每当她听到其他同事提出一些较不成熟的策划案，或是某些时候不小心做错事情或者得罪到她时，她总会毫无顾忌地抱怨，大加指责……

在陈妍的观念里，自己这样做没有什么不对，因为这一切都是“理由充足”，如果不是别人有错在先，也轮不到她抱怨或指责。殊不知，她的态度总让人丢尽面子，在同事中抬不起头。渐渐地，没有人愿意和她一起工作了，她成了一只“孤鸟”，工作上遇到了重重困难，最终被迫离职。

人非圣贤，孰能无过？但每个人都有强烈的受尊敬的欲望，陈妍提出批评“理由充足”，但她毫无顾忌、不留余地就有点不合情理了，只会给别人留下不可理喻的印象，也会使同事们因感到自尊受到了伤害而拒绝与她交往。

那么，当与别人发生争执或别人做了错事，我们该怎么办？其实最好的处理方法是，关注自身的存在以外，还得关注他人的存在，设身处地去为他人着想，说话做事留有余地，力争做到恰如其分，适可而止，得饶人处且饶人。我们自己也会犯错，试想谁不希望在犯错时得到别人的原谅呢？

凡事留余地，做人留退路，这是一种尊重他人、平等待人的体现，也未尝不是一种爱自己的表现。因为这样不仅可以给予对方反思自己的机会，同时也能体现出自己的气度，很多时候事情就会朝着所希望的方向发展。最终，我们会赢得别人真心诚意的尊敬与合作，获得开启成功之门的钥匙。

在汉朝时期，有一位太守名叫刘宽，他仁慈宽厚，心地善良，对自己的属下和百姓们都很尊敬。就算这些人做错了事情，他也只会用蒲鞭轻轻打几下，以示警告。所以，衙役和老百姓们都说刘宽是一个好官。

刘宽的夫人听说自己的丈夫深得民心，一开始还不太相信，便想试探一下。一天刘宽在家里办公时，刘夫人让身边的一个婢女去给他送一碗肉汤，又如此这般地嘱咐了一番。只见那婢女走到刘宽旁边时，突然故意滑了一跤，肉汤全都泼到了刘宽的官服上。一个做错事的婢女该罚吧？但刘宽不仅没有发脾气，反而关心地问婢女有没有烫伤。见此，不仅刘夫人心悦诚服，连婢女都服了。

又有一次刘宽坐着牛车在外视察，突然跑来一个农民要“抢牛”，对方说刘宽驾车的牛是自己家的牛。这牛明明是刘宽的，但刘宽没有和那人据理力争，他吩咐车夫把牛解下给那个人，自己走着回家了。后来，那农民家的牛找到了，他到刘宽家归还牛并再三道歉。可此时，刘宽并没有得理不饶人，而是好言好语安慰了那个人一番，并说：“你不必担心，回家好好生活吧，我不会怪罪于你。”

正是由于刘宽有理让三分的度量，百姓对他非常佩服，也更加爱戴他了。

得饶人处且饶人，谁对谁错，谁是谁非，慢慢自然会见分晓。

任职美国总统的时候，马辛利在人员的任用方面遭到一些议员的反对。一次在国会议会上，有一位议员当面粗鲁地辱骂他。面对对方无礼的责骂，马辛利总统并没有和对方反唇相讥，也没有用职位来压他，而是闭口不言。等对方骂完了，马辛利才站起身温和地说道：“您现在的气该消了吧，请放心我不会对您怎么样，不过我有必要告诉您我的理由，我愿意解释给您听……”当马辛利有条不紊地将自己的理由讲述出来时，那位议员对马辛利的安排心服口服，羞得脸红耳赤。日后他诚心诚意地支持马辛利的工作，两人成了无话不谈的好朋友。

面对议员的粗鲁行为，马辛利仍然以尊重的态度对待对方，结果让剑拔弩张的矛盾缓和下来，并成功将对方拉拢了过来，这可以说是他的智慧。试想，如果马辛利得理不让人，利用自己的职位和得理的优势，咄咄逼人地对那位议员进行反击的话，那对方是很难心服口服的，结果肯定不会如此顺利。

总之，尊重就像是一面镜子，它可以随时照出人的胸怀。得理不饶人，斤斤计较的人只会照出猥琐、丑陋与狰狞的一面；胸怀宽广、心地坦荡的人就会照出宽容、慈悲的一面。得饶人处且饶人，尊重周围的所有人，各自相安无事，自然皆大欢喜，你也将一步一步实现更好的自我。

第四课 给自己降降温，没人比你卑微

人与人之间的境况是千差万别的，有的人事业风光，有的人下岗失业；有的人腰缠万贯，有的人贫困潦倒；有的人健康快乐，有的人疾病缠身……也许你事业风光、腰缠万贯，也许你身居高位、身体健康，而你身边或许有人穷困潦倒、郁郁不得志，但你也一定要学会去尊重别人。

因为所谓的钱财、身份、地位等，这只是人与人之间的境遇差别，并不意味着你身边的人存在得比你卑微！更何况，你可能根本就没有站在人生的巅峰上，只是相比之下比一些人成功一些罢了。若是这样都能成你为居高自傲、鄙视别人的理由，那么你的人格在众人眼里就要卑微到土里了。

在一架班机的经济舱上，一名漂亮的白人女士被安排在一个黑色皮肤的男人旁边。任凭黑人怎么微笑，她都怒目而视，最后还气势汹汹地把空姐叫来，吼道："你们必须给我换位子，我受不了坐在这种令人倒霉的家伙旁边！"

空姐看了看那位黑人，对方用尴尬的微笑回应。"请稍等。"空姐走开了。几分钟后空姐回来了，她微笑着说："女士，很抱歉，经济舱已经客满

了，不过在头等舱还有一个空位。将乘客提升到头等舱是我们从未遇到的情况，但是我已经获得机长的特别许可。”

白人女士高兴地站起来，准备收拾东西。岂料空姐却转向了那名黑人，说道：“机长认为要一名乘客和一个令人讨厌的人同坐真是太不合情理了。先生，如果您不介意的话，我们已经准备好头等舱的位子了，请您移驾过去。”

白人女士呆住了，机舱里爆发了一片热烈的掌声。

白人女士以为这样做便能彰显自己的高贵，殊不知，这是一种不尊重人的表现，只会招致别人的反感，最终自取其辱，让自己难以下台。这样的行为，我们一定要引以为戒。

官职再大、地位再高、钱财再多又怎样？给自己降降温，静下心来看待这一切。要知道，所有人的人格都是平等的，世界上谁的人格也不会比别人的高贵。至于钱财、身份、地位等这些身外之物不过是人的装饰和点缀。即使你在某方面再出色、再高人一等，也没有盛气凌人的资本。

子曰：“君子不重则不威。”重为庄重，不是自命贵重；威乃威严，绝非八面威风。那些取得伟大成就的人，无论自己居于何等高位，身份多么尊贵，获得怎样的才能，他们都会适时给自己“降温”，以一颗平常心对之。他们从不标榜自己，更不会四处张扬。他们尊重身边的每一个人，这是成大事必备的品质。

下面是发生在美国纽约的真实故事。

一个晴朗的午后，在“巨象集团”总部大厦楼下的花园长椅上，坐着一个美国中年妇女和她的儿子。这位妇女很生气地在跟儿子说着什么。距他们俩不远处，一位六七十岁头发花白的老人正拿了一把大剪刀子在园中剪枝。

这时，妇人突然从随身挎包里拿出一张纸巾揉成一团，一甩手扔出去，正落在老人刚剪过的灌木枝上。白花花的一团纸巾在翠绿的灌木上十分显眼。老人朝中年女人看了一眼，什么也没说，走过去拿起那团纸，扔进旁边的垃圾桶里，回到原处继续修剪灌木。

哪知中年女人又从挎包里揪出一团纸扔了过去。儿子奇怪地问："妈妈，你要干什么？"中年女人没有回答，只朝儿子摆了摆手，示意他不要说话。老人将这团纸也拿起来扔到垃圾桶里，谁知妇人随后又扔来一团纸。就这样，老人不厌其烦地捡了妇人扔过来的六七团纸，始终没有露出不满和厌烦的神色。

这时，中年女人指着老人对儿子说："我希望你明白学习的重要性，如果你现在不努力学习，眼前这个修剪灌木的老人就是最好的例子，将来你就跟这个老园工一样没出息，只能做这些卑微、低贱的工作！"原来男孩学习成绩不好，中年女人生气地在教训他，面前剪枝的老人成了"活教材"。

老人听到了妇人的话，放下剪刀走过来："夫人，这是巨象集团的私家花园，按规定只有集团员工才可以进来。"

妇人高傲地说："那当然，我是巨象集团所属一家公司的部门经理，就在这座大厦里工作！"说完，她掏出一张证件朝老人晃了晃。

老人沉思了一会儿，说道："如果您不介意的话，我能借你的手机用一下吗？"

妇人一边极不情愿地把自己的手机递给老人，一边又借机会教育儿子："不是妈妈说，你看这些穷人，这么大年纪了，连一只手机也买不起。你今后一定要努力学习，长大了可要长出息哟！"

老人拨了一个号码，简短地说了几句话，就把手机还给了那妇人。没过一会儿，巨象集团人力资源部的负责人急匆匆走来，妇人忙满面堆笑迎上去，可是那位负责人好像没有看到她，径直走到老人面前，毕恭毕敬地站好。

“我现在提议免去这位女士在巨象集团的职务!”老人指着妇人对负责人说道。

负责人连声答道：“是，总裁先生。我立刻按您的指示去办。”

妇人大吃一惊，原来这个人正是“巨象集团”的总裁詹姆先生，她颓然坐到椅子上。

老人用手抚摸着男孩儿的头，意味深长地说：“孩子，我希望你明白，在这世界上无论处在什么位置都不能被成功冲昏了头脑，要时常给自己降降温，尊重身边的每一个人……等你真正理解并学会怎样尊重别人的时候，你带着你的妈妈再来找我吧。”

詹姆先生是学识渊博、才华横溢的商界领袖，更是懂得看淡名利、从容淡定之人。他能够不厌其烦地捡起妇人扔过来的六七团纸，还做得心平气和、恬淡安然，始终没有露出不满和厌烦的神色，这是一种朴素而伟大的人格魅力。而这样的人格魅力也来源于他虽然身处高位，却懂得时刻给自己降温。

人生在世，成功不见得是权倾四方、威风八面，而是性情的恬淡和安然。无论职务高低、身份贵贱，宠辱不惊，淡看沉浮，尊重身边的每一个人，这是维系人与人之间关系最基本的要素。不要让你拥有的财富、地位、权势变成一场烧毁你神智的高烧，记住给自己降温，让自己始终保持理性、保持冷静、保持隐忍豁达的人生态度。有了这样的自爱，你在人生航路上才不会迷失方向。

第五课

原谅那些我们还不能做好的事

英国文学大亨威廉·莎士比亚说："一个人一生到底是悲剧还是喜剧，并不是由其年轻时的幸运或不幸运来决定的。重要的是，我们要有足够的理智，去找寻人生的真谛。"那么，人生的真谛是什么呢？一句话，尊重当下，别跟自己过不去，不要害怕自己还能力有限，原谅那些还不能做好的事。

"自然界里的喷泉的高度，永远不会超过它的源头。"这句名言就是说，每个人在做事的时候都会有自己的极限，即最大的承受能力。可惜有些人不懂得这个道理，为了标榜成功，不承认极限，时刻都想拓展自己的空间，乃至去做那些力所不及之事，结果在人生路上屡屡摔跤，反而庸庸碌碌。

明知不可为而强为之，这是愚蠢和贪婪。

下面这一则寓言故事，令人深受启迪。

森林里，狮子王新开了一所超级技能学校，它的目的很明确："现在生存越来越不容易，为了应对种种挑战，我们要提高生存技能，精通奔跑、爬树、游泳和飞行等。"第一批学员是鸭子、兔子、松鼠及青蛙，它们需要学习所有科目。

鸭子是森林里的游泳"健将"，飞行成绩也不错，可跑步最差，因此它主攻跑步。但地面上的土沙太硬，鸭子的脚蹼因摩擦严重受伤，不仅跑得更慢，游泳成绩也大受影响。

兔子跑步速度顶呱呱，但它不擅长游泳，一跳水就呛住了。多次失败后，它精神失常了。

松鼠是很擅长爬树的，可狮子王非要让它反复练习从地面飞到树上，结果松鼠腿部肌肉拉伤，连树也爬不上去了。

一学期结束时，青蛙居然是唯一的“毕业生”，因为它泳技高超，爬、跑也会一点点。

……

看到鸭子学跑步、兔子习游泳、松鼠练飞翔……你是不是会觉得很滑稽，哑然大笑？但你想过吗？你可能就是它们其中一员。比如，你现在是一个技术型的员工，不懂管理，却一心想往行政职务上升迁，但由于你的能力有限，即使你再努力，进步也是非常慢的，很难得到公司的提拔。

为自己的人生设定高目标、高标准，严格地要求自己，这本身没错。但若是追求的目标过大，锁定的高度过高，而自己又不具备相应的能力和实力，那就是为难自己了，只会让自己活得愈发不快乐、不成功罢了。既然如此，为什么不多爱自己一点，放弃那些我们还不能做好的事呢？

一个人应当做他能做的事，这是对自己的一种尊重。正如罗曼·罗兰在其著作《约翰·克利斯朵夫》中所说：“如果不行，如果你是弱者，如果你不成功，你还是应该快乐。因为那表示，你不能再进一步，干吗你要抱更多的希望呢？干吗为了你做不到的事悲伤呢？一个人应当做他能做的事……竭尽所能。”

当我们在成功路上屡屡摔跤，对某件事情力不从心，备感失意的时候，我们不应该悲观失望，自暴自弃，而是应该静心沉思：是不是我们挑战了自己的极限，做了无能为力的事情？与其这样，倒不如尊重自己，承认自己的能力和局限，不苛求和为难自己，只做自己能做的事，量力而为。

做自己能做的事，怀揣着标尺上路，这并不是放低要求、无所追求、虚度人生，而是一种理智的清醒，一种务实的智慧，一种人生的准确定位，一种成功的必由之路。因为设立的目标实际一点，精神压力和受挫感就不会那么大，获得成功的信心就强些，自然也就更有能力和创造力，做事效率显著。

我们来看一个真实且形象的例子。

美国跳水运动员格里格·洛加尼斯小时候是一个非常害羞的男孩，又有点口吃。因为这一情况，父母为他报了阅读与口才的培训班。尽管洛加尼斯学得很认真、很努力，但他在表达方面仍然不尽人意，还曾被归入学习最差学生的行列。为此，他经常受到同伴的嘲笑和作弄，这令他心里很失落。

不过，洛加尼斯是一个聪明的人，通过一段时间的思考后，他发现自己的天赋在运动方面，而不是学习。认清这点后，他减轻了些自责，并开始专注于舞蹈、杂技、体操和跳水方面的锻炼。由于自身的天赋和努力，洛力加斯果然开始在各种体育比赛中崭露头角，获得了同学们的尊重。在上中学时，洛尼加斯发现自己有些力不从心了，因为这些技能都需要辛勤地付出，而他没有太多时间和精力去做这么多事，这导致这些事情自己仅仅能做到差不多，离优秀还有一段距离。

后来，在恩师乔恩——前奥运会跳水冠军的指点下，洛加尼斯认识到自己在跳水方面更有天赋，便接受了跳水专业训练。经过长期的努力，洛加尼斯在跳水方面取得骄人的成就：16 岁成为美国奥运会代表团成员，28 岁时已获得六个世界冠军、三枚奥运会奖牌、三个世界杯和许多其他奖项，1987 年作为世界最佳运动员获得欧文斯奖。诚然，他达到了一个运动员荣誉的顶峰。

不苛刻地要求自己，并且尽可能地扬长避短，这难道不是一种无上的快乐吗？谁又能说这不是真正的成功呢？洛加尼斯懂得这一点，他留意自己的长处，有所为有所不为，最终赢得了成功的人生。这也证实了一个不争的事实：好钢用在刀刃上，才能发挥其最为锋利的特性，其价值才能得到最大体现。

在实际生活中，办企业可以获得成功，进行金融投资也可以获得成功，他们的成功来自于对自己实力的了解和把握；办企业的人没有去炒股，或者投资房地产，那是因为他们知道自己的能力范围是办企业，其他的领域就是他极限范围之外了；进行金融投资的人没有去办企业，那也是因为他们只做自己能做的事。

为此，你可以对自我进行一下估价。比如，尽可能多地收集自己的信息，评价一下你的知识储备、培训经历、个人能力以及工作经验怎样，满足哪种工作岗位的要求……这种自我估价有利于使你更清楚地认识和了解自己的优势，进而把注意力集中在自认为适合及可能的工作上。

第六课

别太自私，分享也是一种尊重

分享，是对别人的一种尊重，也是一种乐趣，但并非所有人都能体会这种滋味。只有拥有宽广气度的人才懂得这种乐趣，也只有这样的人才能找到幸福的真谛。懂得分享之人，必定气度宽广，所以可以不计较一时得失，不会将自己的所有东西都紧紧攥在手里，而会乐于与人分享。而在这分享的过程中，每个人都获得了幸福和快乐。这样完美的人生，谁能说不是对自己的一种爱呢？

曾经，有一个信奉神明的人非常喜欢打高尔夫球。但是为了向神明表达自己的诚意，他在神像前当着所有人发誓再也不打高尔夫球了。但是时间一长，这个人就实在受不了了，便偷偷地去了高尔夫球场，想只打九个洞就回去。他特地选择了离家很远的高尔夫球场，心想这样就不会碰到认识的人，不需要担心被人发现。然而举头三尺有神明，就在他刚打两个洞的时候，值班的天使发现了，并立即禀报了神明。

神明听完天使的禀报后非常生气，说一定要惩罚他。天使一直在想神明到底会如何惩罚这个人，但是从第三个洞开始，这个人的成绩超完美，每次都是一杆进洞，而且越打越顺，就在他打进第七个洞的时候，天使看不下去了。

天使找到神明，不解地问道："您不是说要惩罚他吗？为什么还让他越打越顺，都快赶上世界冠军了，您到底是在惩罚还是在奖励他呀？"

神明笑了笑说："当然是在惩罚他呀。你想想，他有这么惊人的成绩和这么兴奋的心情，却不能跟任何人说，这不是最好的惩罚吗？"

在这个故事中，没有人能够知道这个人的成绩是多么喜人，也没有人和他分享这令人激动的时刻。就算他的球技世界第一，他也不敢和别人说，也不会有人看见，更没有人会和他分享这份快乐，这的确是非常严厉的惩罚。

想象一下，你遇到了非常高兴的事情，或激动人心的时刻，但是兴奋的心情却没有人和你分享，也不能和任何人说。这时候，幸福感也就仅此而已。但如果有一群朋友为你喝彩，为你庆祝，你自然会有一种受到重视、受到尊敬的感觉。

当然，有些气量狭小的人不会享受到尊重，因为这些人总觉得和别人分享幸福就是吃了亏，因而不愿与人分享一切。但事实是，分享幸福和快乐会让自己的幸福加倍，你得到的会比分享的多得多。

气量宽广的人懂得这样一句话：“把痛苦和别人分享，那么就等于别人和自己分担了一半痛苦，而自己则减少了一半痛苦；把快乐和别人分享，自己获得快乐的同时，别人也为你的快乐而快乐，那就等于获得了两份快乐。”

有一群年轻的探险家想挑战沙漠，他们带足食物和水，走进了沙漠。可是，沙漠的环境实在是太恶劣了，随着时间一天天过去，食物和水不断减少。渐渐地，面对恶劣的环境，有些人支持不住，有的饿死，有的渴死，最终只剩下两个人。这两个人互相扶持，互相鼓励，在沙漠里艰难前进。十多天过去了，他们仍然没有走出沙漠。

只剩下一袋面包和一瓶水，强烈的求生欲望让这两个人狭小的气量暴露了出来。他们决定吃掉这些东西补充体力，做最后的冲刺。可当他们看到食物和水的时候，开始争夺，一个人抢到了面包，另一个人抢到了水。两人谁也不肯给对方分享一点，结果抢到水的饿死了，抢到面包的渴死了。

后来，又有一批人去那个沙漠探险，到最后也只剩下两个人，只剩下一袋面包和一瓶水，面对同样的选择题，他们选择分了面包，分了那瓶水，最后二人不但成功地走出沙漠，还成了患难之交。

气量狭小不愿意分享的两个人，不但没有走出沙漠，而且葬身于沙漠之中。因为自私而放弃生命，这是对生命的一种亵渎。气量宽宏的两个人在困境面前彼此支持，互相分享，是对彼此的尊重，更是对生命的一种重视。因为他们尊重了生命，所以最终得以成功地脱离困境，挽救自己。

在困境面前，仍旧选择分享的人，看似在做“赔本”买卖，但实际上他们赢得的东西比付出的要多得多。因为他们不仅通过分享获得了新生，在脱离困境之后，不难预见别人对他们的敬仰，不难预见朋友对他们的尊重，而这些是用金钱买不来，也是自私换不来的。

在生活中，几乎每一个人都有过这样的体会：当独自研究一个问题时，可能思考了五次，还是同一个思考模式；如果拿到集体中去研究，从他人的发言中，也许一次就可以完成自己五次才能完成的思考，并且还能从他人的想法中使自己产生新的联想。

如果仔细观察微软、英特尔等商业巨头，那么你会发现，他们的成功都是因为善于分享。

以微软来说，视窗操作系统的火爆让微软大赚了一笔。可是，微软总裁比尔·盖茨非但没有“私藏”这项技术，反而还与所有硬件厂商和软件厂商分享视窗操作系统火爆的商机。现在，很多硬件厂商的产品都支持微软的所有操作系统和软件，而所有的软件厂商的产品也能在微软的操作系统中运行，这就是微软的分享精神。正是因为这种分享，微软才能称霸全球操作系统市场。

试想，如果比尔·盖茨气量狭小，不把操作系统市场与硬件厂商和软件厂商分享，那么仅凭一已之力，微软能够有今天的辉煌吗？答案肯定是否定的。假如他真的那样做，那么他一定会成为众多人眼中的“吝啬鬼”，以致留不住优秀人才，抵抗不住竞争对手的压迫，当然，也不可能获得同行的尊重，更没有机会称霸全球操作系统市场了！

你把你的给我，我把我的给你，在这样各自舍弃、互受其利的过程中，我们不但能够赢得别人的感激，获得更深厚的友谊，而且还能成就自己辉煌的事业，进而得到更多的幸福。所以，学一学分享的智慧吧，用你的人格获得尊重，这才是真正的人生赢家。

第七课 自重者，人恒重之

古语云：“自重者，人恒重之；自轻者，人亦轻之。”

那么，什么是自重呢？简单点说，何为自重？自重就是自我珍重，尊重自己的人格，肯定自我的价值，注重自己的言行。具体表现为待人处事端庄厚重，不卑不亢，不仰不俯，不流俗，更不浅薄。一个人只有自己尊重自己，别人才会尊重你。若连你自己都不尊重自己，那还有谁会尊重你呢？

王坤从一个小县城考到了上海的一所大学，开学第一天他身边的一个女同学问道：“你从什么地方来的？”这个问题是小王最忌讳的问题，因为在他的头脑里认为，他出生在一个人口不到20万的小城市，从来没有见过大世面，说出来肯定会被这些大城市里的同学所耻笑的，所以当时他的脸一下子就红了，然后不自然地站起来就走了……很长一段时间里，这种想法一直左右着王坤，让他很自卑。他不敢和同学们说话，并开始自暴自弃，常常独自一人坐在教室的角落。他的成绩是倒数第一。为此，有的同学们也会常取笑他，结果王坤认定自己是个失败者，变得更不求上进……

每个人都有优点和优势，也有不足和劣势，但这并不妨碍我们前进的脚步，也不影响我们精彩的人生。人啊，怕就怕，在看似不被尊重的日子里自暴自弃、不求上进，浪费人生的大好时光！人，最可怜的就是自卑。自卑意味着失去一切，因为别人看不起自己只是见面时，自己看不起自己却是一辈子。

如果将一块普通的木块放在老式蒸汽火车的轮子上，那么火车就无法启动了，只有将它移走，火车才能够正常启动，达到每小时 100 公里的速度或冲破一堵厚约 1.5 米的墙。之所以讲这个小例子就是为说明，人心中的自卑心理就好比是这块小木头，如果不将它移走的话，那就很难创造出惊人的事情。

任何人都不可能真正轻贱你，真正轻贱你的只能是你自己。正如美国总统罗斯福的夫人艾莉诺·罗斯福所说："没有你的同意，谁都无法使你自卑。"既然如此，何必跟自己过不去？还是那句话，要受尊重，必先自重。自重，你往往不仅会赢得别人的尊重，而且也会摆脱平庸的人生。

其实上帝对每一个人都是公平的，很多天才人物也有自己的缺点和不足，他们也会在某些方面表现得非常愚笨，那他们为什么能取得成功呢？这主要就是因为他们无论在什么境遇下都能珍重自己，能够克服自己自卑的心理，懂得化自卑为成功的催化剂，结果他们离成功越来越近。

歌剧演员卡罗素拥有被世界公认的美妙的嗓音，但最初的时候他的父母希望他能够成为一名工程师，而他的老师则认为他的嗓音根本不适合去唱歌。

达尔文在自传上透露道："小的时候，几乎所有的老师和同学都认为我的资质非常平庸，我这一辈子都和聪明两个字没有任何关系。"

爱因斯坦更是在四岁的时候才会开口说话，到了七岁的时候才开始认字。

他的老师给他的评语极为苛刻："这是一个反应迟钝、孤僻，满脑子都是稀奇古怪不切合实际想法的孩子。"而爱因斯坦也曾经遭受过被勒令退学的命运。

而牛顿小时候成绩非常糟糕，曾经被老师和同学们称之为"傻子"。

伟人之所以获得比他人更多的成功机会，是因为他们一开始就得到了尊重吗？不！可以说，上面提到的这些人都具备了"自卑的理由和条件"，他们中的很多人也被别人深深伤害过，但关键的是他们不会去自卑，而是自己尊重自己，沉下心来好好做事，厚积薄发，取得骄人的成绩便是水到渠成的事。

"你之所以感到巨人高不可攀，那是因为你跪着。"记住这句话，如果你认为自己现在不被尊重，你就应该懂得站起来看世界。

第八课 享受生活，尊重生活

生活不是一场赛跑，而是一段旅途。我们应该慢慢走，问问自己到底要的是什么，而自己当下又在做些什么。这是对生活的尊重，更是对自己的一种尊重。

记得有人说过这样一句话：我们从起点出发的时候，知道自己的目标是什么，可是走得远了，就忘记了当初为什么而出发了！奔忙的人们不妨想一想，你是不是也如此？最初也是为了更好的生活而努力，可到现在，是否已经日日疲于奔命，早已忘了自己的初衷？

拉比看见一个人行色匆匆、急急忙忙地赶路，便把他叫住，问：“你到底在追赶什么呢?”

“我要赶上生活。”这个人头也不回、气喘吁吁地回答。

“你怎么知道生活就在前面？只顾着拼命往前跑，一心一意想赶上生活，为什么不看看四周呢，问问自己生活究竟在哪儿？或许，它还在后面追赶你呢！只要静下心去发现，生活就能与你会合。你现在越跑越快，是在拼命逃离自己的生活啊！”

故事中那个拼命追赶生活的人实则是生活中不少人的缩影，他们早已忘记日出而作，日落而息的悠闲，让人生之旅的这一趟列车以最快的速度疾行，生命在奔忙中消耗，自己的精神也在快节奏的生活中趋于紧张，甚至麻木或崩溃。

忙，是现代大部分人的生活常态；累，更是现代人的口头禅。放眼望去，世间太多人为了换取生活保障不停歇地工作，即便是衣食无忧也不停下自己的脚步，仿佛这才是印证活着的方式，尽管内心有个声音在不停地呼喊：我已经厌倦了。

或许，身边会有人提醒他们：“不要为了生活而生活，要学会去享受生活。”可听到的答复往往是：“我也愿意享受，可享受需要时间和资本。”有时间时抱怨没有钱享受，有钱时却又抱怨没有时间去享受，非要等到有钱又有时间，但谁敢保证那时候的自己还有一个可以享受的生命？

其实，生命已经给了我们享受的权利，是我们自己不够尊重生活。享受生活的快乐与幸福并没什么固定的模式。只要保持着一种淡定、乐观的心态，以正确的方式去创造生活，那么在这个过程中你一定能够享受到快乐和幸福。当然，若是你用所有的时间和金钱去换取什么，奢侈地消耗生活，那么就无权抱怨生命给你的不够多，只能说是你自己放弃了享受。

她叫包希尔·戴尔，眼睛几乎什么也看不见，可她的生活却很美好，丝毫不像人们所想象的那样糟糕。因为她有一个信念：不管是谁，只要来到了这个世界上，那就是合理的。她经常说自己相信有所谓的命运，可她更相信快乐。即便是在厨房的洗碗槽里，她也依然可以寻求到快乐。

包希尔·戴尔的眼睛，处于几近失明状态已经很久了。她曾在自己的著作《我要看》一书中这样写道："我只有一只眼睛，而且还被严重的外伤给遮住，仅仅在眼睛的左方留有一个小孔，所以每当我要看书的时候，我必须把书拿起来靠在脸上，并且用力扭转我的眼珠从左方的洞孔向外看。"尽管事实如此，可她不喜欢别人同情自己，更不希望别人把她当成一个异类。

当包希尔·戴尔还是个小女孩的时候，她渴望跟其他的孩子一同踢石子，可她的眼睛看不到地上所画的标记，根本没有人愿意带她玩。于是，她就等到其他的孩子都回家之后，趴在他们玩耍的场地上，沿着地上所画的标记，用眼睛贴着它们看，并把场地上所有相关的东西都默默记下来，那些标记慢慢就印在她心里了。之后不久，她奇迹般地成了踢石子游戏的高手。

当别的孩子都走进学校的时候，包希尔·戴尔只能在家里读书。她总是先把书本拿去放大影印之后，再用手将它们拿到眼前，用几乎是贴到眼睛的距离看，每次她的睫毛都会碰触到书本。在如此艰难的情况下，她竟然获得了两个学位，一个是明尼苏达大学的美术学士，另一个则是哥伦比亚大学的美术硕士。

终于，在她52岁那年，奇迹发生了。那是1943年，她在一家诊所做了一次眼部手术，没想到这次手术让她的眼睛能够看到从前视距40倍远的地方。当她在厨房里做事的时候，她觉得即便在洗碗槽内清洗碗碟，也非常令人激动。她说道："当我在洗碗的时候。我一面洗一面玩弄着白色绒毛似的肥皂水。我用手在里面搅动，然后用手捧起了一堆细小的肥皂泡泡，把它们拿得高高地对着光看。在那些小小的泡泡里面，我看到了鲜艳夺目好似彩虹般的光彩。”

当她从洗碗槽上方的窗户向外面看去的时候，出现在她眼前的是一群灰黑色的麻雀在下着大雪的空中飞翔。她是那样愉快、那样忘我地观赏着肥皂泡泡和窗外的麻雀，她在书中的结语中写道：“我轻声地对自己说，亲爱的上帝，我们的天父，感谢你，非常非常地感谢你！”

看到包希尔·戴尔的故事，相信很多抱怨“没时间和资本享受生活”的人都会感到羞愧，因为自己已经生活在一个美好的乐园里了，却亲手蒙上了双眼，不懂得去欣赏和享受。

其实，用心体会，就会发现生活中许多有价值的事情值得去做、许多美丽的过程应该去感受。请不要充当不高明的乐手，扭曲着生命与生活的旋律，甚至在不经意间扮演了生活刽子手，扼杀了生命的颜色、生活的芬芳。

吴淡如说：“当我发现一个人的我依然会微笑时，我才开始领会，生活是如此美妙的礼物。喝一杯咖啡是享受，看一本书是享受，无事可做也是享受，生活本身就是享受，生命中的琐碎时光都是享受。”

做一个懂得享受生活的人吧！不要在意享受的定义，要知道，享受生活的方式有很多，因为生活本身就多姿多彩，关键在于你如何选择，如何对待。多做一些美好的事情，用足够虔诚的态度去对待生活，那么生活自然也会尊重你的选择。你可以在晚上放下一天的忧虑，听上一段轻音乐，看上几页喜欢的书，又或者在周末约上好友去品尝美食，在假日里来一次说走就走的旅行……

惬意自在心中，享受就在身边。放慢你的脚步吧，看一看周围。停下你急匆匆的步伐吧，享受一下生活，唯有如此，你的人生才不算虚度。

第三辑

/

成熟

/

当我真正开始爱自己，

人生便成了一个孤品，

任何发生在自己身上的事情，

都是成长的邀请。

我所走过的泥泞，总有一天会变成一条美丽的路。

这，便是“成熟”。

第一课

在“淡”中品味成熟的甜美

对于成熟，不同的人有着不一样的领悟。对于有些人而言，成熟是一种悲哀，因为成熟在他们眼中意味着老去，意味着青春不再。但事实上，成熟是一种甘甜，是自爱的一种表现。

时间永远不会是静止的，没有人能够停留在过去，所以我们每个人的人生都会一直向前。不愿成熟的人不过是自欺欺人罢了，而那些真正懂得成熟之味的人，定会以一种淡然的心境去接受人生的蜕变，去迎接新的春天。比起感叹伤悲，淡然接受人生的进程，这才是真正爱自己的表现。

民国才子李叔同出家后，法号弘一法师。一天，他的一个学生夏丏尊前去拜访。当时正是午饭的时间，弘一法师问夏丏尊要不要一起用餐，夏丏尊回答说已经吃过了，看着他吃就行了。

弘一法师的饭菜极其简单，仅有一碗白米饭和一碟咸萝卜干。看着曾经每天锦衣玉食的老师生活是这样的俭朴，夏丏尊不免心生感慨，轻声问道：“难道你不觉得这样的菜太咸了吗？”

弘一法师淡淡地说：“咸有咸的味道。”

一碗米饭吃罢，弘一法师向碗里冲了一杯白开水，涮了涮黏在碗底的几粒大米然后喝下。夏丏尊知道老师出家前的习惯，在吃完饭后必定要品一杯好茶，而如今只能就着碗底的白水咽下，这样的对比让夏丏尊又问了一句：“水的味道这么淡，喝得下吗?”

弘一法师笑了笑：“淡有淡的味道。”

弘一法师将佛法应用到日常的生活之中，他的人生可以说是真正体现了一种“随遇而安”的淡然态度。有人觉得这种淡然是一种非常消极的表现，是没有出息和能力的证明，事实上，随着年龄的增长、阅历的增多，人们会逐渐发现这种随遇而安，淡然接受人生的每一进程，其实饱含着智慧。

是的，生活不可能是一马平川、一生坦途的，我们只有对生活进行最大程度的认知才能活得快乐，而最好的对策就是“顺其自然”。这不是懦夫的自暴自弃，不是无奈的消极逃避，不是对世事的无所追求，更不是听从命运的摆布，而是人生智慧的提炼，是思想境界的觉悟，是人性的成熟。

生活中我们可能会经常感叹命途多舛，被种种苦恼所困扰。其实这不是我们的生活有多么糟糕，而是我们缺乏顺其自然的态度，一味地去强求，使得自己步履维艰。换句话说，上天既然给了我们生命，我们就应该顺其自然、随遇而安，这样才能一路通畅，体现出自我的真正价值。

有一位老主管在自己的岗位上做了十多年，一天上级领导突然通知他，由于突发的经济危机，他被裁员了。对于他的家人来说，这样的结果是一个极大的打击，于是就四处求人，希望能够帮助他恢复原来的职位。不过，老主管却在自家的小菜园上种上了菜，过起了平静的生活。

他的家人看到这个情形都心急如焚，劝告他说：“你这是在干什么呀?工作都没有了，怎么还有心情做些这样的事情啊?”而他却丝毫不在乎地说：

“事情既然已经发生了，又何必强求改变呢？更何况这样的生活也没有什么不好啊?”

没事的时候，老主管就走村串巷，收集一些民间陶器作为自己的爱好。七八年的时间里，他竟然收集到了几十件珍宝，后来竟成了远近闻名、令人羡慕的收藏大师。

我们每个人都难免遭到不幸和烦恼的突然袭击，有一些人面对从天而降的灾难而方寸大乱，甚至一蹶不振，从此浑浑噩噩；也有一些人面对突变处之泰然，总能使平静和开朗永驻心中。为什么受到同样的心理刺激，不同的人会产生如此大的反差呢？原因正在于能否淡然地去接受。

在这一点上，古希腊哲学家苏格拉底做得非常好。

苏格拉底曾被誉为世界上最聪明的人之一，在他的生活中处处体现出了简单的生活智慧。在他还是单身时，他和几个朋友一起挤在狭小的屋子里，夜晚睡觉的时候连转个身都非常的困难，但是苏格拉底总是很开心。被人问及原因，他说朋友们在一起可以随时交换思想，交流感情，是一件很快乐的事情。后来，他的朋友们都先后成了家，搬离那个小屋子，只剩下苏格拉底一个人了，但是，苏格拉底每天还是十分快乐。大家又不明白了，他一个人孤孤单单的还有什么可快乐的。可他却说：“朋友们都走了，我就可以安静地看书了。一本书就是一个老师，这样每天都能向它们请教，难道不是一件很让人快乐的事情吗?”

几年以后，苏格拉底也成了家。当时他住在一个小楼的最底层，应该是属于最差的地方了，不仅安全得不到保障，卫生状况也很是让人担心。但是，苏格拉底依然觉得开心，坚持认为住在一楼有诸多的好处，比如进门就是家，不用爬楼梯，搬东西比较方便，等等。一年以后，因为住在顶楼的一个人腿脚出了一点问题，苏格拉底就和他调换了位置，住到了楼房的最高层。同样，他依旧觉得很开心，按照苏格拉底的解释：爬楼梯可以锻炼身体，住在高层光线好，没有他人打扰的情况下还可以很安静地看书、写文章等。

无论处在什么环境中，心都依然淡定自若，那么所谓的苦恼、忧愁、离别、痛苦就显得微不足道、可有可无了。同样是一把盐，你放在一杯水里，这杯水足可以苦得咸得叫你难以接受，但你把这把盐放入一个湖泊或者大河中，它就不苦也不咸了。对人生而言，所有的苦难和不如意就是那把盐。

当一个人能做到凡事不刻意强求，顺其自然地生活时，也就能够淡定自若地笑看潮起潮落，从容不迫地掌控生活。西方哲人蒙田就曾告诫我们："人生最艰难之学，莫过于懂得自自然然过好这一生。"凡事顺其自然、顺天而行过好一生，对每个人来说，都是一个既平易又艰深的课题。

第二课 学会为自己的错误检讨

人生谁能不犯点错？不犯错的人生是不存在的。在生活的道路上，我们每一个人都难免会犯下这样或那样的错误。当无意犯下错误时，你敢不敢承认，并且原谅自己呢？

在我们的传统观念中，犯错是一件不成熟的行为，而衡量一个人是否优秀的标准就是看他犯的错误是否是最少的。事实是怎样的呢？告诉你，或许不犯错是一条非常保险的成长之路，但是不可否认，这条路上挤满了大量没有创造力的中庸之人，毫无乐趣和创造力，而且往往也是失败的。

不知你有没有听过这样一个故事。

一位从事化妆品实体营销的经理想转行搞服装网络销售，他的秘书劝他说："现在服装网络销售行业已经人满为患，许多实力雄厚的公司都觉得生存艰难，我们没有经验，贸然投入，不见得是好事。"经理拍拍胸膛，说："没经验怕什么？我刚从事这行时也没经验，还不是做下来了？"他执意转行。

一年后，因为缺乏竞争力，公司亏损累累，一些优秀员工眼见公司没有前途，就连按时发下工资都有困难，纷纷跳槽到别的公司。这时，秘书又建议经理说："整个网络服务行业都不景气，如果从现在起退回到我们熟悉的化妆品行业，我们还有反败为胜的机会。"经理已经意识到自己的决策失误，但他却不愿承认，坚持说："不景气是暂时的，只要熬过这段时间情况一定会好转的。"

即便秘书再怎么劝说和分析，即便知道公司的财务状况已经很糟糕，经理也不愿意听从秘书的正确意见，他担心公司的员工们笑话，便继续坚持原来的决策。结果，由于网络服装业竞争太激烈了，这家公司的服装一天卖不了几件。一年后公司负债累累，经理只好宣布公司倒闭。

承认自己错了，并不会带来多大损失；而一意孤行做错事，却会让自己严重受伤。这位经理两害相权取其"重"，真傻，这是害自己还是爱自己，一目了然。这就告诉了我们一个道理：错误并不可怕，可怕的是不承认错误，不弥补错误，一错再错，这也正是许多人一直不成功的原因之一。

犯错并不可怕，错误就像困难一样，在人生路上总会出现，没有人能够保证一辈子不犯错。但怎样看待犯错这件事很重要，若是认为这是自己的能力，那么最终你将只懂得犯错；若是将它当作警诫，那么你以后绝不会犯相同的错误，这样一来，走向成功就变得轻而易举了。

一个聪明人会承认自己的错误，并纠正自己的错误，因为这是成功的前提。打个形象的比喻，如果说人生就是在大海上的一次航行，那么经验再丰富的船长也会不断地校准航行的方向，而校准航行的过程其实就是纠正错误的过程。在纠正错误的过程中，你会发现，这就是前进，这就是成长。

晋朝有位大将，名叫周处。因幼年丧父，他年少时便十分张扬轻狂、纵肆乡里。在乡里他恶名昭著，人人避之唯恐不及。

一日，周处见乡里百姓个个面容凄苦，便问乡里长辈所为何事。长辈叹说："乡里有三害，经常糟蹋百姓，你说我们能不苦吗？"

周处一听，有三害，豪气顿生，连忙追问是哪三害。长辈冷笑一声："一是南山大虎，二是长桥水蛟龙，三是作恶多端、欺负百姓的恶人。"

周处哪里知道，长辈说的恶人就是他。做人做到与猛兽齐名，也是旷古未有。周处便自告奋勇要去铲除三害，他先是入山杀了猛虎，后又下河斩杀了蛟龙。斩杀蛟龙时，乡里一连三天没有他的消息。百姓们都以为周处已死，便互相庆贺。周处回来后，得知乡里百姓正在为他已死而高兴，才明白了长辈所说的恶人指的就是自己。

做人落得如此地步，周处哪还有脸回乡。他便四处拜访名士，下定决心好好学习。他找到陆机、陆云两兄弟，以实情相告，哭诉着自己一定会痛改前非，表达出改正错误的诚意，但又怕自己年岁已大，学不出成就。

陆云就鼓励他："子曰'朝闻道，夕死足矣'，你年纪轻轻，现在立个志向，以后何愁没有前途!"

周处为人好学，天资聪慧。他立定志向，勤奋好学，一年后，就担任东观令、无难督。吴亡后，周处又被晋朝封为仕官。为人刚正不阿，不畏权贵的他，最终得罪奸臣，被派往西北讨伐氐羌叛乱，最后战死沙场，不过也成就了其一世英名。

周处是历史中的英雄，同时也是一个会犯错的凡人。如果他年少不曾犯错，虽然也可能取得成就，但绝不会有这样了不起的成就。犯错不是过，只要懂得检讨、改正，那么最终一定会获得不小的收获，这正印证了一句话："错误可以拖累你，也可以成就你。"

无独有偶，这里还有一个类似的小故事。

明朝时，一位年过半百的财主喜得贵子，名唤天宝。因家大业大，天宝从小不愁生活钱财，渐大后变得游手好闲，到处结交狐朋狗友。财主怕天宝这样下去会败光家业，就请了考了半辈子仍未中举的秀才教他读书，明事理。在先生的教授下，天宝似乎有些长进。可好景不长，财主与老婆不幸得病去世，天宝从此便无人再管。这时，天宝以前那帮酒肉朋友又找上门来。天宝抵挡不住诱惑，故态复萌，整日花天酒地。也就两年有余，千万家产便被其一败而尽。

直到天宝饿得上街要饭，他才悔不当初。严冬的一天，天宝借书归来的路上，因一天未吃饭，两眼饿得直冒金星，一不留神，一跤摔倒，半天也没有再爬起来。恰巧此时，王员外路过，见冻僵的天宝手上还攥有一本书，怜爱之心泛滥，便让家人救醒天宝。之后，王员外让天宝教授自己女儿读书，谁知天宝生性难改，见王员外女儿腊梅长得如花似玉，便有心调戏她。后来，王员外编了个理由，交给天宝20两银钱和一封信，嘱咐天宝到苏州找他表兄。天宝到了苏州，左找也找不到王员外表兄，右找也找不到信封上孔桥所在何处。眼看20两银钱快要花光，天宝开信一瞧，但见信上写有四句话："当年路旁一冻丐，今日竟敢戏腊梅；一孔桥边无表兄，花尽银钱不用回！"天宝看完信，羞愤难当，本想一死了之，又转念一想：王员外非但救了自己的命，还保了自己名声，又给了自己20两银钱。自己这样一死了之，如何对得起王员外！

于是，天宝重振精神，白天帮人家打杂挣钱，晚上挑灯苦读。后来，朝廷开科招考，天宝进京应试，一举中得举人。于是，他连夜赶路，回去向王员外请罪。他原以为王员外会对自己冷眼相待，谁知王员外不仅原谅了他，还让他做了自己的乘龙快婿。天宝在王员外给自己的那封信末，添了四句："三年表兄未找成，恩人堂前还白银；浪子回头金不换，衣锦还乡做贤人。"

知错能改善莫大焉，犯了错误而能改正，没有比这更好的事了。为此，你应该相信："即使我有缺点，我会犯错，但并不代表我一无是处。其他人很可能不会对我的错误介意。即使别人对我的错误无法容忍，也不代表我没有任何希望，只是说明我需要改正罢了。"

当做到这点时，你将会感觉到自由、快乐和轻松。

第三课

情绪沙丘，不稳定的高地

人们越来越追求简单的生活，这也是成熟的一种体现。实际上，人们之所以追求简单的生活，完全是因为对麻烦事的恐惧和厌烦。一个人的精力和时间都是有限的，在遇到麻烦事的时候，成熟的人最应该体现的就是不让坏情绪影响自己，无论遇到什么情况，都能保持一份冷静和理智。

试想一下，人生不如意之事十之八九，如果每一次的麻烦或者不顺心的事都能影响你情绪的变化，那也就会引起一系列的连锁反应，你会变得头昏脑涨，失去理智的判断，甚至会失去自我，迷失在消极情绪中，这样的未来是十分可怕的。要知道，“上帝欲毁灭一个人，必先使其疯狂”。

1965 年 9 月 7 日，世界台球冠军争夺赛在美国纽约举行。刘易斯·福克斯以绝对优势将其他选手甩到身后，已经胜利在望了，只要再打几分他便可以稳拿冠军。可是，就在这时，突然出现了一个小状况—— 一只苍蝇落在刘易斯的主球上。

刘易斯赶忙挥手将苍蝇赶走，可是当他再次俯身准备击球时，那只苍蝇又落到了主球上。这个时候刘易斯的情绪发生了一些变化，他开始变得苦闷、恼火，又一次起身驱赶苍蝇。

然而，那只苍蝇仿佛是有意与刘易斯作对，只要他一回到球台准备击球，它就会重新落到主球上来，这使得现场的观众哈哈大笑。而刘易斯的情绪恶劣到了极点，他突然用球杆去击打苍蝇，结果球杆触动了主球。裁判判他击球，他也因此失去了一轮机会。之后，刘易斯一下子方寸大乱，连连失利，最终输掉了比赛。

一名所向无敌的世界冠军居然被一只小小的苍蝇打败了！多么不可思议。这还不是关键，刘易斯·福克斯居然没有考虑如何控制自己沮丧、失落、恼火的情绪，而是再一次以一种更加不理智的行为来把悲剧上演——他投河自杀了！

一只苍蝇居然“杀死”了一位世界冠军，真是可悲可叹。其实那只不过是一次偶尔发生的小事罢了，但刘易斯却被惹怒了，开始意气用事。我们很难确定，究竟是他自己决定了结束，还是他的情绪控制着他走向末路。但他因为冲动的情绪而选择了结束生命，他无疑是一个不够成熟的人。

你是一个成熟的人吗？在现实生活中，你是否会因为一些不足挂齿的小事不可抑制地愤怒，令情绪控制自己，结果做出不理智、追悔莫及的事情？例如，因为老板的一句无心之语，意气用事，盲目地提出辞职；为了一点小事、一丝隔阂而冲动、发怒，闹得夫妻不和，最后分道扬镳……

对自己好一点是每个人心中的愿望，如果你想要达成这个目标，首先要做的就是不要让坏情绪干扰自己，学会控制自己的坏情绪，在至关重要的时刻保持理智。即使当时没能控制住自己的情绪，也应努力使自己在最短时间内恢复理智，重新获得主导权，做到冷静沉着，三思而后行。

对此，美国著名作家罗伯·怀特说过这样一段话：“一怒之下踢石头，只会痛着脚指头。任何时候，一个人都不应该做自己情绪的奴隶，不应该使一切行动都受制于自己的情绪，而应该反过来控制情绪。无论境况多么糟糕，你应该努力去支配你的情绪，把自己从黑暗中拯救出来。”

在科学史上，有这样的一个故事。

德国著名的化学家弗因德里在某一天因为头痛难忍而一整天的情绪都很坏。此时，他在书桌上看到了一位青年寄来的一篇论文，希望能够得到他的指导。初次拿来看的时候，弗因德里觉得文中完全是些奇谈怪论，顺手就把这篇论文丢进了纸篓。没过几天，他的头痛好了，心情也大好，而他想起那篇论文中的言论又有点意思，于是连忙把那篇论文捡出来重新读了一遍。在细读之后，他发现这篇论文有很大的科学价值。于是，他马上写了一封信，将这篇论文推荐给了一家很有名的学术刊物。

这篇论文一经发表，在学术界引起了很大的轰动。这篇论文的作者也因此进入了一流的研究机构，最后成了一名诺贝尔奖的获得者，弗因德里自然也被称为了“伯乐”。后来，弗因德里笑谈说，他差点因为一时的坏脾气而影响了学术的发展进程。当然，即便是没有弗因德里的推荐，这篇优秀的论文迟早也会被发现，只不过如果没有坏情绪的影响，这一切会来得更加自然。

当一个人因为很小的麻烦事而产生坏情绪的时候，这种情绪是可以干扰到自己思想、认知等方方面面的，就像沙子一样漫天飞舞，迷了我们的眼，迷了我们的心。而一旦我们能够控制坏情绪，经常告诫自己要理智、冷静，那么就会很容易地平息情绪，赢得心安神定、理智从容的人生。

韩琦是北宋时期的三朝名相，他之所以能够得到历代皇帝的信任，享有很高的威望，除了自身具有的安邦治国的本领之外，当然还少不了他独特的人格魅力，这种人格魅力的来源就是他对情绪的控制力。

韩琦的家里珍藏着两只用美玉制成的杯子，这两个杯子做工精巧，价值连城。他十分喜欢这两只杯子，平时都放置在特定的盒子里珍藏着，只有闲暇的时候才会拿出来细细观赏。一天，一位好朋友到韩琦家里玩，希望能够欣赏玉杯。韩琦让仆人把玉杯小心翼翼地放在铺着绸缎的桌子上，朋友也对这两只玉杯赞不绝口。就在这时，发生了一件谁也不愿意看到的意外，仆人在端茶水的时候不小心扯到了绸缎，两只玉杯掉在地上被摔得粉碎。当看到佣人跪在地上捧着玉杯的碎片泪如雨下的时候，韩琦笑着对朋友说："凡是物品都有毁坏的时候，只可惜后世的人欣赏不到如此精美的玉杯了。"然后，韩琦扶起佣人说："杯子碎了就碎了，你也不是有意为之，下去吧。"

这个故事有很多种解读方式，大多数人的理解无外乎从宽容和豁达的角度出发。但是，如果深挖的话，这其实就是在遇到麻烦事时的处理方式。在悲剧已经无可避免的情况下，尽量不要让坏情绪对你的生活产生影响。请相信，不管外界发生什么事情，总有比大发雷霆更好的选择。

当麻烦事接踵而至的时候，勇敢去面对一切未知的结果。不要因为麻烦事而愤怒，不要轻易地去诅咒抱怨，更不要被冲昏头脑，不妨扪心自问："我真的值得发怒吗？""为这家伙发怒值得吗？对我有利吗？""发怒会很好地解决问题吗？除了发怒，是不是会有更好的解决方法？"……

学着管理或战胜你的坏情绪，一开始会有些难办，但一直保持下去，一切都会好起来。

第四课

错过就错过了，没必要去后悔

世事如云，云起时汹涌澎湃，云落时落寞舒缓。岁月会把失去变为拥有，也会把拥有变为失去。人生一世，不如意与人一路共生，如影相随。所以我们要学会成熟，错过就错过了，没必要去后悔。

有一位知名的艺术家非常有才华，拥有众多的仰慕者。一天，一位女子敲他的门，对他说："让我做你的妻子吧，错过我你将再也无法找到比我更爱你的女人了。"艺术家虽然也很中意她，但是仍然拿不定最后的主意，只得回答说："让我考虑考虑!"之后，这位艺术家绞尽脑汁地反复衡量，将结婚与不结婚的好坏之处分别列下来，最终却悲哀地发现好坏其实是均等的，他依然不知该如何选择……

就这样，艺术家陷入长期的苦恼之中。到了最后，他得出一个属于自己的结论："人若在面临抉择而无法取舍的时候，应该选择自己尚未经历过的那一个。不结婚的处境我是清楚的，但结婚后是个怎样的情况我却不知道。正是鉴于这种情形，我该答应那个女子的央求。"于是，艺术家来到女人的家中，决定与女子结婚，却被女子的父亲告知："你来得太晚了，十年前她就已经嫁人了。我女儿现在已经是三个孩子的妈了。"

艺术家听了这个消息后整个人几乎崩溃，他陷入了深深的懊悔中……三年后，艺术家抑郁成疾。临死前，他将自己所有的作品丢入火堆，只剩下一段对人生的注解：如果将人生一分为二，前半段的人生哲学是“选择好”，后半段的人生哲学是“不后悔”。

错过了绚烂的朝霞和夕阳，错过了青春年少的创业资本，错过了使事业走向高峰的机会……有些人心思细腻，多愁善感，生命中有些东西错过了，就会沉浸在悔恨和感慨中不能自拔，任由其困扰自己、折磨自己。但时间不可倒退，覆水难收，往事难追，错过的一切不可能重来。如果非要纠缠着后悔不放手，或者羞愧万分，一蹶不振，或自惭形秽，自暴自弃，这也未免太不理智、太不聪明了。

其实与其哀叹，还不如看开一点。要知道，生活就是一场跋涉之旅，精力和视野都有限的我们不可能看尽天下风景，尝尽世间艰辛。所以我们要懂得坦然地面对错过，不让眼前的美景也错过在自己的哀叹里。这样的处理方式才成熟，如此你的人生才有意义，你的时间才没有荒废。

他追求了她整整四年，她也喜欢他，但太过矜持，所以迟迟没有答应。就在她准备接受他的时候，他却突然与一个喜欢了他很久的女孩结婚了，他以为她不爱自己。就这样两个原本相爱的人错过了。此后的她在自己的情感世界里构筑了一道心墙，日日思念着他。她总是穿那一件淡绿色的上衣，因为是他送给她的，也是他最喜欢的颜色。这件衣服很特别，上面有五颗水晶心形的纽扣，象征着他对她真挚的爱情。每次一看到这些纽扣，她就止不住地一阵阵叹气。

有一天，她回家后发现衣服上的五颗纽扣中少了一粒。她懊恼、自责，怪自己不小心，然后跑遍了周围大大小小的商店，试图买到一颗一模一样的。可惜，商店里都没有。她失落地回了家，把自己关在房间里哭了整整一夜。少了一颗纽扣怎么穿呢？心，都不像心了。可是，她怎么也舍不得放弃这件衣服。

一连几天，她都郁郁寡欢。母女连心，妈妈自然猜到了她的心思，于是劝她不如舍了那剩下的四颗扣子，再买五颗新的扣子换上。她听了母亲的话，真的找到了五颗造型更加独特，也配得上这件衣服的花形扣子。淡绿色的上衣在这五颗花型扣子的点缀下，显得更加高贵和典雅了。

从这件事上，女孩似乎也明白了什么。终于，在一个阳光明媚的清晨，她醒悟了。而后，她很快便敞开了心门，走进了一个全新的情感世界。

世界上，有些美丽是不该错过的，而有些美丽则不得已会错过，人生中的许多际遇都是如此。我们不必一直沉溺于错过的遗憾中，因为有错过，有遗憾，如此的人生才真实。而且错过了就错过，也许得到它并不是最明智的选择，有时候错过会有意想不到的收获，遇见别样的美丽。

在中美文化交流期间，美国著名的哈佛大学提供了一个留学名额，这名留学生的所有费用由美国政府全额提供。这是一个天大的好消息，成百上千个中国学生报名参加。初试结束了，有30名学生成为候选人。考试结束后的第十天是面试的日子，30名学生及其家长云集在一家饭店等待面试。

当主考官劳伦斯·金走进饭店大厅时，大家一下子围了上去，迫不及待地做起了自我介绍。一名学生由于起身晚了一步，没来得及围上去，等他想接近主考官时，主考官的周围已经是水泄不通了，根本没有插空而入的可能。

“唉，真遗憾，我就这样错过了接近主考官的大好机会。”该学生懊恼起来。正在这时，他看见一个异国女人有些落寞地站在大厅一角，像是遇到了什么麻烦，于是他走过去彬彬有礼地问道：“夫人，请问您有什么需要我帮助的吗?”接下来，两个人聊得非常投机。

出人意料的，这名学生居然被劳伦斯·金选中了。“在30名候选人中，我的成绩不是最好的，而且我错过了与主考官直面交流的最佳机会，怎么会是我呢?”该学生自己都有些疑惑，后来他才知道那位异国女子是劳伦斯·金的夫人，而他无意中的善举为他赢得了机会。

瞧，错过并不一定是坏事，有时甚至可能是圆满。

当你错过了进电影院的时间，但在回家的路上，你遇到了某商场的限时促销活动，你会叹息这次的“错过”吗？当你在雨天错过了一辆公交车，你也许会懊悔，但如果你因此遇到多年不见的朋友，你还会怨恨这次的“错过”吗？错过了一些美丽，我们才有机会欣赏到更多的风景，不是吗？

缱绻人生，成熟人士会将错过也看作生命中不可或缺的一部分。他们明白错过也是一种美丽的邂逅，毕竟明天的风景如何没人知道。往者不可谏，来者犹可追。与其悲叹昨天，不如期待明天。当然，这是错过后的智慧，在错过之前，我们应该要先做好不让自己后悔的觉悟和努力。

第五课

在失意中品尝时光的富足

人生得意须尽欢，那么人生失意的时候又该如何呢？恐怕没有人会喜欢失意，但失意总是在不经意间潜入到身边，让人猝不及防。

在失意的时光里，又有哪些方式可以选择呢？很多人都将失意比作一块石头，只不过有人将这块石头当作自己前行的路障，有人将这块石头当作磨砺自己的工具。不要轻易地去诅咒失意，因为它是时间送给所有成大事者最重要的一份礼物。至于有没有人能够理解这份礼物的重量，那就看不同人的选择了。

从古至今，关于从失意中不断崛起的实例已经太多。我们看到的往往是那些最终能够成功的人，但事实上，以比例来看，真正能够理解这份礼物的人占少数。大部分人习惯于借鉴那些成功人士在失意时的处理方式。

成功不是模仿来的，对失意的看法不变，就不能真正体味失意的真实意义。失意对于很多人而言是不愿回忆的心结。实际上，失意为人们的未来提供了更多的如果和可能性。既然已经遭受了失意之苦，那最成熟的处理方式就是想办法来排解，从而改变现状和命运，做到真正地爱自己。

有一个屡屡失意的年轻人来到寺院，慕名来拜访一位禅师。“人生总不如意，苟且活着，有什么意思?”年轻人沮丧地对禅师说。

禅师静静地听着年轻人的叹息，末了吩咐小和尚：“这位施主远道而来，去烧一壶温水送过来。”一会儿，小和尚送来了温水。禅师抓了茶叶放进杯子，然后用温水沏了。他微笑着请年轻人喝茶，杯子冒出微微的水汽。年轻人细品了一口，不由得摇了摇头，说道：“一点茶香都没有。”禅师说：“这可是名茶铁观音啊!”年轻人再一次端起杯子品尝，然后肯定地说：“真的是没有一点茶香。”

于是禅师又吩咐小和尚：“再去烧一壶沸水送过来。”不一会儿，小和尚便提着一壶沸水进来。禅师起身，又取过一个杯子，放茶叶，倒沸水，再放在茶几上。年轻人俯首看去，茶叶在杯子里上下沉浮，清香不绝，望而生津。年轻人欲去端杯，禅师挡开，又提起水壶注入一线沸水，茶叶翻腾得更厉害了，一缕更醇厚更醉人的茶香袅袅升腾。禅师如是注了五次水，杯子终于满了，那绿绿的一杯茶水，端在手上清香扑鼻，入口沁人心脾。

年轻人喝着香味四溢的茶，若有所悟。

如果将自己的生命比作茶叶，那么人生的起起落落就是一壶沸水。茶因为沉浮才释放了本身的清香，而生命也只有在不断的成功和失败中沉浮，才激发出人生那一脉脉幽香!

在失意的时刻，要相信这是暂时的，更要相信这是生活给予自己的一份历练。没有人会一直得意，更不会有人一直失意。纠结于失意只能让自己的生活都陷入混乱，对自己好一点，看得开一点，失意的时光是最值得玩味的，因为它是最为纯粹的。失意的时刻，人往往是最冷静的，这当然也是一个失意的人奋起的时刻。

王明曾是一家公司的高管，职位很高，收入也很好。但是在一次的决策中，王明做出了错误的判断，给公司带来了严重的经济损失，使这家公司资不抵债，最终倒闭。一时间，王明在行业内也被人们当作失败的典型。

在经历过打击之后，王明痛定思痛，认真反省决策中的失误，寻找新的解决方式。王明选择了一家小公司继续上班，并且从最底层的职员开始做起。由于有着很好的业务能力，王明很快就成了公司中层的一名管理人员。

历史总是惊人的相似，王明现在所在的公司遇到了和他上一个公司同样的决策难题。在这个时候，王明拿出了详细而可靠的解决方案，并且向领导坦言自己在以前公司时所犯下的错误。最终，新的公司领导认同了王明提出的方案，并且很好地解决了危机。王明也因此被重新提拔为公司的高管。

如果王明没有上次失败的积累，他将无法抓住以后的机会重新崛起。人生有很多的遭遇，这些遭遇或让人感受到成功的喜悦，或者让人品味到失败的痛苦。成功当然是一件很好的事情，但是失意也有它独特的价值。

如果将一个人的人生比作一栋大房子，在失意的时候，我们可以停下来对房子的设计进行适当地修改。这种修改其实就是对心中终极目标的一种完善。珍惜每一次能够让自己成长的失意机会，让每一次失意都变成将来成功的一块垫脚石。

失意通常不是瞬间，而是一个阶段，在这段时间里，是否能够以稳健的步伐前进是最重要的。成熟一点吧，静下心来，仔细品读失意，品味那苦涩的味道，也品味那甜蜜的韵味，做越来越优秀的自己。

第六课

得之我幸，失之我命

对于得与失，你是如何看待的？一个不争的事实是，人们在得到的时候，大都喜上眉梢，在失去的时候，往往耿耿于怀。太在乎得失是我们多数人的共同点，在得与失之间徘徊，易使人生变得痛苦。

例如，有些经理可能因为一个订单的落空而心生去意；有些人拥有千万资产，很可能因为损失了200万元的账而郁郁不乐……这些人已经是非常得意的人物了，却因为计较眼前的得失，反不如一般人活得幸福，甚至经理辞职了，千万富翁自杀了，到头来他们成了真正的失意者。

失去便失去，既然已经不能挽回，那么再伤心也是没用的。我们与其在痛苦中浪费时间，不如积极地面对已发生的事情，“不要为打翻的牛奶哭泣”，超脱地重新开始。

让我们分享一个故事吧，名字就叫《不要为打翻的牛奶哭泣》。

十几岁的高中生彼得经常为很多事情发愁，例如，他常常丢三落四，每次丢失了心爱的东西，如丢了一支钢笔、一个篮球时他就会自怨自艾好长一段时间；他交完考试卷以后，常常会半夜里睡不着，他害怕自己没有考及格；他总是想那些做过的事，希望当初没有那样做，总是回想自己说过的话，后悔当初没有将话说得更好。

老师得知这一情况后，将彼得叫到了办公室。他把一瓶牛奶放在桌上，说要给彼得好好上一课。彼得坐了下来，望着那瓶牛奶，不知道它和这堂课有什么关系。过了一会儿，老师突然站了起来，一巴掌将那瓶牛奶打翻在地上，同时大声叫道："彼得，不要为打翻的牛奶而哭泣。"

彼得也惊讶地站立起来，说实话，他觉得牛奶就这样浪费掉太可惜了。

"好好地看一看，"老师一字一句地说，"我希望你能一辈子记住这一课。这瓶牛奶已经没有了，它都漏光了。你觉得惋惜是吗？但我要告诉你的是，无论你怎么着急，怎么抱怨，都没有办法再救回一滴，不是吗？你现在所能做到的就是把它忘掉，丢开这件事情，然后开始注意下一件事。"

不要为打翻的牛奶哭泣！人生际遇跌宕起伏，利益得失交错前行。虽然我们改变不了事实，但我们可以改变自己的思维和反应模式，控制自己的行为和反应。该得则得，当舍则舍，坦然面对得与失，我们往往就能找到生活的意义，获得另一种意想不到的收获，无疑这是爱自己的重要选择和态度。

"我将在茫茫人海中寻访我唯一之灵魂伴侣。得之，我幸；不得，我命。"这是悲情诗人徐志摩心底对林徽因那份感情的态度，这种坦然使他收获了友谊和诗意。可见，"上帝关闭一扇门时，还为我们留了一扇窗"，无论人生面临什么样的际遇，在失去的同时都会得到一些东西，所以得与失没有什么大不了。

而且我们应该明白，我们所拥有的财物，比如房子、车子等，不管是有形的，还是无形的，都是身外之物，何必为身外之物太过费心呢？

范蠡是春秋战国时期著名的谋士，他不仅学识渊博，而且大智大勇。他协助越王勾践打败了吴王夫差而雪耻复国，继而助勾践北向，成就了霸业。他的一生既声名显赫，又经历坎坷，总结起来一共有三聚三散。面对这些得到与失去，他总能坦然地面对，进而生活得更快乐、更从容。

越王称霸中原之后，看到国力如此强盛，不禁有些飘飘然，开始一味贪图享乐。虽然这时范蠡被封为上将军，可谓一人之下万人之上，但他深知勾践的为人，即可共患难不能共富贵。为了避免越王兔死狗烹，范蠡写了一封辞职信，舍下自己创下的丰功伟业，带着家人乘着一叶扁舟离去，这是“一聚一散”。

范蠡迁居到了齐国，齐国的经济当时很繁盛，他便更名改姓，开始经商。他有着过人的商业头脑，没有几年就积产数十万，在齐国成了名人。齐王仰慕他的贤能，便请范蠡做了齐国的宰相。范蠡做了几天宰相后，想到自己家里有万金，做官做到了宰相，被众人所知，这样很危险，于是他归还宰相印，将自己的家财分给了乡邻，再次隐姓埋名，这就是“二聚二散”。

范蠡又来到了一个叫“陶”的小地方，这里虽然地方小，却是贸易的要道。范蠡自称“陶朱公”，继续从事商业经营活动，不久又累积千万。后来，范蠡的二儿子因杀人而被囚禁在楚国，范蠡拿出一牛车的黄金派三儿子前往楚国营救。可大儿子坚持要去，并以自杀相威胁，范蠡的妻子也帮忙求情。没办法范蠡只好同意，结果大儿子不舍得动用黄金收买人心，二儿子被当众斩头。得知二儿子死讯后，范蠡一家无不悲痛万分，范蠡却说：“我早知道大儿子做不好这件事。他生在家道贫困时，知道钱财来之不易，所以不忍舍弃。而三儿子生在家道富裕之时，不知财富来之不易，很易弃财。杀人偿命，二儿子死在了楚国是情理中的事，没什么可悲哀。”这就是“三聚三散”。

无论是面对高官厚禄或是富甲一方，范蠡都能坦然取之，又坦然舍之。在亲人生死离别的时候，他仍然能够坦然接受。这是一种得失的智慧，一种成熟的境界。不要把“失去”当成人生无限大的沮丧，也不要把“失去”当成大挫败，“失去”也就变得微不足道了，也就影响不了我们的心情。

在人生的路途中，种种原因导致许多人出乎意料地遭遇失去：失去财物，失去既得利益，失去健全的肢体，失去升学、就业、晋级、发财的机会……也许我们无法达到圣人对待得失的境界，但是我们必须坦然地去面对，不要为打翻的牛奶哭泣。这样，当错过了太阳，我们还有月亮和星辰。

第七课

倾听比倾诉更倾心

我们在世间行走，有了快乐的事第一时间就想与人分享，遇到苦闷的事更是如此，我们想要通过倾诉来疏解自己的情绪。这些其实都没有什么，但有时人们过于重视倾诉，而忘记了分享是相互之间的，所以忘记了倾听。

这是个发生在现实生活中真实的故事，主人公以第一人称的口吻讲述了他终生的遗憾。

那是我刚刚参加工作的第一年。由于相关经验的匮乏，让我感到很长一段时间以来工作都不能得心应手。为此，我每天的时间除了吃饭睡觉以外，几乎全部用在了工作上。

一天，我突然接到一位老同学打来的电话，说想找我聊聊。她说毕业后一直感到工作很吃力，而恋爱了两年多本打算结婚的他们却突生变故，男朋友离开了她。

她是我大学期间的闺密，可以说是无话不谈，毕业后一直各忙各的事，只是逢年过节时才互相联系问候一声。接到女友电话的那几天，我正在为一个项目忙得焦头烂额，真的是分身乏术。于是，我就推脱有事，说过几天再去找她。

挂了电话之后，我又投入了堆积如山的工作中，很快就把这事忘记了。可是，一周后，我接到了女友父亲打来的电话，通知我去参加女友的追悼会——她自杀了。

家人在现场发现了一封遗书，从中了解了她死前的状态。她说这个世界上已经再没有值得她留恋的东西了，她对这个世界充满了绝望：工作的压力、爱情的失败，就连想找人聊聊天都无人回应。万念俱灰下，她选择了极端的方式离开了这个她认为已没有什么意思的世界。

我忽然感到自己是个罪人，陷入了极度的悔恨和自责中。想起一周前她给我打电话时，我没有好好听她的倾诉，匆忙敷衍了事，而这也是她寻短见的原因之一啊！我就真的挤不出那几十分钟的时间吗？我就真的有那么忙吗？也许再多听她说几分钟，也许再多说一句安慰的话，结果就不是现在这个样子了。可是，我没有听她说，也没有说给她听，我在心里永远不能原谅自己。

这听起来像是讲故事一般，然而在现实生活中，我们又有多久没有耐心地听听父母的嘘寒问暖，又有多长时间没和朋友畅谈沟通了呢？我们总是习惯主动去寻找倾诉对象，做一个倾诉者，而回避做一个倾听者。在当代社会中，我们的生活节奏就像机器上的轮子在飞快地转动，一刻也停不下来。慢慢地，我们互相之间的交流少了，倾听也少了，人与人之间变得越来越淡漠。

实际上，在人与人的交往中，倾诉是表达自己，而倾听是了解别人。倾听作为沟通中的一部分是必不可少的，甚至有时比交流更重要。倾听，是洞悉自然的方式，是接受信息的渠道，是解除自身疑惑的途径，是净化心灵的艺术。

人们的成长过程是由倾诉变倾听。在最初，我们以个体的姿态展现于人前时，总习惯于表现自己。但当我们成熟时，便懂得了要了解自己以外的其他人。所以，我们不能将倾诉当成一种理所当然的习惯，在倾诉的同时，也学习一下倾听，分享自己的喜悦时，也为别人的幸福感到快乐，这才是真正的分享。

认真倾听别人哪怕是细枝末节的倾诉，可以展现我们良好的品质、富足的修养，同时也是一种成熟的表现。

遥想当年，秦王认真倾听了商鞅的变法主张，使秦国很快成为富甲天下的七国之首，为统一全国奠定了基础；

刘皇叔因为三顾茅庐，认真地倾听诸葛亮的三分天下论，从而顿觉拨开乌云见晴日，确立了一条明晰的奋斗道路，最终形成“三分天下有其一”的战略格局。

懂得倾听的人总是善于把自己摆在一个次要的位置上，使倾诉者在无形中成为交流的主角。而能够经常让别人成为主角，正是冲破心墙的另一种沟通形式，也是让他人倾心于自己的绝妙方法。

著名心理学家 J.P.Dickinson 曾说：“好的倾听者，用耳听内容，更用心‘听’情感。”一个正确的倾听态度是达到最佳倾听效果的前提。全身心投入、专注地去听，借助各种技巧，听出对方所讲事实背后蕴藏的真实态度，以期达到感同身受的理解。而更为重要的是，良好的倾听习惯和态度又远远要胜于倾听技巧。信守承诺，不随意打断他人，都会让对方感到一种内心的安宁。

倾听犹如炎夏中的一缕清风，吹散笼罩在心头的枯燥与烦闷，又似划破漆黑夜幕的流星，给人以美好的希望。在跋涉的道路上，跌倒时希望有人扶持，忧虑时希望有人分忧，寂寞时希望有人陪伴，失败时希望有人鼓励，而这一切，都只是想找一个可以静静听、细细读的人。渴望倾听之人对倾听的向往，如同“青青子衿，悠悠我心”般迫切。

每个人遇到烦恼或喜悦时，都有向人倾诉的渴望，这时，当一名倾听者绝不会是坏事。人心与人心的往来间，其实也不需要去探寻那么多复杂而曲折的道路。与其站在自己的位置钩心斗角，揣摩别人的想法，不如认真倾听来自心灵的声音，领略分享与分担的真挚。如此，便能找回本善的感动与心安。

第四辑

自信

当我开始真正爱自己，

才明白，每个瞬间都是正确的时间，

每个瞬间发生的每件事情都恰如其分。

没有所谓的恰好，无论时间还是选择。

平静地接受自己做出的一切，

便是“自信”。

第一课

机会给有准备的人，运气给有自信的人

在向着梦想冲刺的时候，人们会提前做好各种各样的准备。我们应该知道，机会一贯是留给有准备的人的，但这并不意味着你做了准备就一定会成功。因为时间不会留给那些一直在准备的人，积蓄力量无可厚非，但若是不知什么时候该停，一直停留在准备阶段，那么任何事情都不会有后续。

只有自卑的人才会无休止地准备，一个能够成大事的人，他不会反反复复地考量自己还有什么没有准备齐全，他带在身边的东西也不多，仅仅是自信而已。只要准备上一份自信，即便一无所有，他也就可以上路了。

那么，什么是自信呢？

自信就是相信自己具备实现梦想的能力。每个人都有自己的梦想，小到一次考试及格，大到创立一个公司，人生道路上有无数大大小小的梦想，你要相信自己有能力去实现它。想要获得这样的自信并不难：先看看那些成功的人具备哪些素质，做了哪些事，再对比一下自己缺少哪些素质，没做哪些事。用时间、耐心和努力尽力弥补这个差距，你没有理由不自信。当然，那些完全不切实际的幻想，不在讨论范围之内。

自信就是相信自己拥有克服困难的能力。梦想是美好的，现实是残酷的。在通往梦想的道路上，大大小小的阻碍也会折磨着你，恐吓着你，让你一次次摔倒，甚至完全失去站起来的勇气，放弃这一条路。但是，所有人都是从小到大地成长，由弱到强地成熟，这也是自然发展的规律。

未来属于那些更有意志力的人，你怎么能不自信？所以，不要过多地去做各种准备，你只要相信自己，相信自己的选择，对一切充满信心，你就可以上路了。

J先生给人的最大印象就是自信，他常常说："我是个要做大事的人！"起初，人们认为他在吹牛，听得久了，人们都说："也许他真是个做大事的人。"

J先生总是用"做大事的人"的要求来要求自己。他要求自己肯学肯干肯思考，多听多问多交流，因为"不知道什么时候会用到什么知识"。他喜欢交朋友，对朋友真诚仗义，他交的朋友三教九流，因为"不知道什么时候会用到什么人"。

J先生什么都敢尝试。别人没有把握的事，他一定会第一个跳出去说："这件事我能做！"如果对方问："你有经验吗？"J先生会坦白地说："我从来没做过，但我可以学习，我有信心把这件事做好！你看，我已经拟订好计划，请你提提意见。"说着，把自己连夜拟好的计划书递上去。这种态度让人欣赏，十有八九，这件事会由J先生负责。

J先生负责任，他犯了错误从不找客观的、主观的理由，他会诚恳地说："这是我的责任，我一定会检讨，一定会找出问题的所在，请不要对我失去信心，再给我一个机会。"于是，机会依然是他的，他可以一次次尝试，直到成功。

J先生总说："相信我，我的运气一向不错！"即使在他遭遇瓶颈的时候，也会对他的合作者、他的上司、他的朋友们说这样的话。正因为他这种乐观的心态，身边的人都相信他，即使他在困境中，也愿意对他施以援手，因为他一定会想到转危为安的办法。

J先生当爸爸了，他的孩子有点胆小，做什么事都放不开手脚，他天天都在用同一句话鼓励孩子："自信的人才有好运！要相信你一定能做到！"几年后，孩子的脸上带着和J先生一样的神气，特别大胆，好奇心特别强，什么都敢尝试，看到的人都说："这个孩子将来一定不得了！"

别人对你的信任，有一大部分基于你对自己的信任。自信对一个人意味着什么？用J先生的话来说，意味着好运。因为自信，才敢于去做那些"不可能的事"，才愿意尝试那些"不适合的事"，才能够忍受那些"忍不下去的事"。自信就是相信自己能够做从未做过的事，能够做好别人做不好的事。

虽然人人都知道自信的作用，但自信不是人人都有的，甚至是多数人缺少的。因为人越是成长，越会觉得自己的能力有限，自己能做到的事、得到的机会有限。少了自信，人生就会缺少很多东西，如对待未来的憧憬，对待机遇的勇气，还有对待生活的活力。缺少自信，心灵就会缺少一个敞亮的平台，灵感也好，运气也罢，都没有着陆点。

没有自信，人将永远生活在忐忑之中，不明白"一切尽在把握"的快感，总是把一切成功与失败当作命运的安排，甚至否定自己的努力。这样的人生是黯淡的，没经过大起大落，总让人觉得人生不完整。但人们固然想"大起"，却又害怕"大落"，害怕自己从没"起"，一直在"落"。

没有自信，人生就缺少崛起的动力，使你一直处于心灵低谷状态，不去想努力的方向，不去尝试改变，即使机遇到了眼前，也会一边想"这么好的事不会轮到我"，一边眼睁睁地看着它溜掉。回想一下，生活中你是否因为类似的想法，而与种种的好机会擦身而过，而后追悔莫及？

想要改变这些情况，你一定要重新认识自己，认清“自信”的重要性。

当然，自信不等于实际能力，有些人自信满满，做起事来却总是出差错，这时候，你就要学会分辨这是自信，还是自大。自信的人不会灰心，他们会找出错的原因，会去一次次尝试直到成功，因为他们打从心里相信“这件事我不可能做不好”。而那些喜欢吹牛的人，遇到一丁点困难就会往后退，摆出“这件事我能做好但我不屑做”的模样，然后换个领域继续吹牛。

人活一世不容易，不管世事如何艰难，我们都应该疼爱自己，为什么要不断地贬低自己呢？不要总是否定自己，试着相信自己一点，不要怕自己太骄傲，只要你相信自己的能力，向着这种能力努力，不说空话，努力前进就行了。

机会留给有准备的人，运气留给有自信的人。只有强大的心灵才能经得住考验，成功接近梦想。当你一无所有的时候，要想想世界上的成功人士们，他们最初大多都一无所有，不过他们十分自信，懂得动用自信的力量来武装自己、强大自己。记住，摆脱不自信的心态，好运就会向你招手！

第二课 赞美自己，给自信一个起点

在文章开始之前，我想问你，你对现在的自己感到满意吗？

“不满意，我的鼻子不够挺拔，眼睛也小了一点”、“我脸上的毛孔太过粗大，脸庞不够小巧，嘴唇不够性感”、“我的个子不高，身材不够迷人”……相信不少人有过这样的想法，总认为自己这不好那不好，这些人几乎都有相同的生活模式：自惭形秽，悲观失望，和人谈话会紧张、脸红，等等。

其实，这是一种缺乏自信的表现。试想，一个对自己没有信心，总认为自己不好，连自己都看不起，乃至自卑自怜、自暴自弃的人，怎么能够从容地与人交往，出色地发挥自己的才华和个性，恐怕再美丽的衣裳穿在身上，也不能体现出一个人的精气神，如此又何谈取得人生的成功呢。

有一对双胞胎兄弟，他们长得非常相似，从小到大都穿一样的衣服，理同样的发型，上同一个班级，就连他们的兴趣也都出奇的相似:踢足球、玩滑板。但是不论是邻居还是朋友，不论是老师还是同学，仍然一眼就能辨别出谁是哥哥，谁是弟弟。因为兄弟两个的性格很不一样，尤其是在自信方面。

弟弟由于从小身体比较弱，父母格外照顾得多，性格优柔。比他不过才大五分钟的哥哥却非常自信，做事从容大度，也总是让着他。哥哥越强，他就越弱，那种不如别人的心理让他感到很自卑。他觉得自己什么都做不好，自己什么都不如哥哥，所以从小就表现得胆小怕事、畏畏缩缩。

大学毕业后，兄弟两个进了同一家房地产公司做销售员。时间不久，哥哥就被提升为销售部经理，而弟弟则被调离了销售部。为什么呢？因为哥哥总是很自信地面对客户，令人信任，业绩突飞猛进。而弟弟一直很自卑，面对客户时胆怯心虚，说话都会突然口吃，有时不知道如何应对，哪个客户会“买账”呢？

在这个处处充满竞争的社会上，那种自怨自艾、柔弱无助的人是没有市场的。我们要学会用自信心作为自己的后盾，如此不仅能自我拯救和自我完善，也是最能赢得别人欣赏的方式！

自信从哪里来呢？源于我们对自己的赞美，自我赞美，这是自信的一个支点。每个人多多少少都有那么一点虚荣心，都希望得到赞美。重视自己在别人心中的形象，看重他人对自己的评价，无可厚非。但做人应该要主动而不是被动，比起等待别人的赞美，还不如自己先对自己竖起拇指。

自信一点，学着赞美自己吧。

回想一下，你虽然没有姚明那么高大的身材，但渊博的学问也能让你看起来更高大；你虽然没有美丽的容颜，可是有动人的声音，声音同样可以让你受到瞩目；你虽然不擅长演讲，但你很善于倾听，后者同样是一种让人喜欢的好习惯……你看，你已经够好了。这样的你难道不值得赞美吗？

赞美自己，时常对自己说：已经够好了！这实际上就是对自己的尊重与认可，这也是成就自己、体现自身价值的前提条件。所以，不管你外表如何、出身怎样，你都要时常对自己说“已经够好了”。只要你有自信，你就拥有了成功和快乐；只要你有自信，你就拥有了人生的价值。

刘军是一个貌不惊人、身材也不好的男孩，但是仅仅毕业三年，他就从最初的普通员工晋升为部门总监，在事业上取得了斐然的成就。关于自己的成功秘诀，刘军总结道：“因为我知道我已经够好了！”到现在，刘军还清楚地记得自己刚刚毕业时，在北京的 CBD 各大写字楼之间谋求一份工作的情景。当时他虽然毕业于一所重点高校，但因为缺乏工作经验，屡次被“推”到门槛之外。

刚开始的时候，刘军有些泄气，斗志也被打消了不少。但是经过一番思考后，他对自己说：“你在校成绩优秀，你认真踏实，又能吃苦耐劳，你已经够好了，你一定可以寻求到一份理想的工作。”紧接着，刘军的斗志又重新被唤醒了，他将目标转移到了北京北边的中关村。在这里，他终于找到了自己理想的职位—— 一家上市IT公司的程序员。事实证明，他的确已经够好了！

刘军貌不惊人，身材也不好，更没有工作经验，但是他懂得时常对自己说“你已经够好了”，对自己充满了自信，正是这种自信让他对生活怀有一种热忱和积极的心态，坦然面对生活中的困难，跨越了人生旅途上的坎坷荆棘。

世界著名的艺术家毕加索说：“你就是太阳。”这绝非狂想，更不是疯人之语，而是一个独立思考者对自身的欣赏和讴歌。是啊，我们每个人心里都有一个大大的太阳，我们每个人其实都是优秀的，只要我们善于发掘自己的优势，发自内心地赞美自己，终会将那个“太阳”从深深的角落里寻找出来。

第三课 最大的损失，就是不懂欣赏自己

每个人都照过镜子吧，那在你看来，镜子中的自己是什么样的呢？

相信你在镜子中看到的自己和别人眼中的自己一定不同。实际上这种差异并不代表什么，每个人都有属于自己的审美，都有一把自己的标尺。比起讨好所有人而言，最重要的是，你要符合自己的眼光。

从前有一位画家，自小就喜欢画画，但是从来没有把自己的画拿出来让别人欣赏。某天，画家突发奇想，想看看自己画画的水平到底如何，有何不

足之处。于是，他拿着自己的画到集市上，并在画的旁边写了一行字：“如果你觉得哪里有不足之处，请指出。”

到晚上的时候，画家兴致勃勃地去拿自己的画，当他看到自己的画的时候，他惊呆了，上面密密麻麻全是不足的地方。这时候，画家非常伤心：“我画了几十年的画，想不到自己的画有这么多不足的地方，难道我不适合画画？我应该放弃吗?”

画家回到家后，依然很不开心，他的妻子见状便关心地问是怎么回事。当他的妻子知道了事情的原委后，笑着对他说：“你不妨明天拿着同样的一幅画再去集市上，但这次你要将那行字改成‘如果你觉得哪里画得不错，请指出’，相信结果会不同的。”

对于妻子的话，画家半信半疑，但由于自己不甘心，于是就照妻子说的做了。结果，到了晚上，画家看到所有曾被指责为败笔的地方如今都换上了被赞美为妙笔的记号。

画家这才恍然大悟：“我发现了一个奥秘，那就是，不管我们干什么，只要使一部分人满意就够了，因为在有些人看来是丑陋的东西，在另一些人的眼里，恰恰是美好的”。

同一幅画，在不同的时间却得到了不同的评价，一个线条，有人说是败笔，有人称为妙笔，每个人的尺子都不同，关键在于，你究竟以谁的标准来评价自己?

我们无法把事情做到完美，一部分人满意的同时，一定会有一部分人不满意。但是，为什么一定要让别人满意呢？自己满意才是最重要的。成功并不依靠别人的评价，而是自己定下目标，并且努力达到了它。

其实，没有人比你自己更了解你自己，想要得到别人的夸奖，我们先要学会欣赏自己，欣赏自己的独特，欣赏自己的努力，要知道，换一种角度来看，你自己简直精彩极了。你要知道，不管自己在众人眼中如何，在自己眼中，你都是独一无二的，就像歌中唱的那样：“我就是我，颜色不一样的烟火。”

一位年迈的富翁担心自己死后，唯一的儿子会因为继承了大笔的财富而变得懒惰，不肯奋斗，最终坐吃山空，甚至招来厄运。为此，他想到了一个办法。

富翁把儿子叫到跟前，将自己年轻时白手起家的过程如实地讲给了儿子。他希望用自己的经历鼓舞儿子靠自己的努力打拼出未来。儿子听到父亲动容的讲述，心生感动，他决定独自一人去寻找财富。他一个人跋山涉水，历尽千辛万苦，终于在一片热带雨林找到了一种能够散发出浓郁香味的树木，这种树木和其他林木不同，把它放到水中，它不会浮在水面上，而是沉到水底。他相信这定是价值连城的宝贝，于是满心欢喜地带着香木到市场去卖。

大概是人们从未见过这样的树木，但看外表也没有发现香木的独特之处。几天下来，他的树木根本无人问津，可他旁边卖炭的老头，生意却非常好，一车木炭，半天的工夫就都卖光了。

起初，富翁的儿子还能够坚持自己的初衷，他相信自己的宝贝肯定能够卖个好价钱，只是需要点时间而已。但是，半月下来，眼看着别人的木炭每天都能卖上一辆车，而自己的树木始终没人询问，他不禁有点急躁了。一个月后，他改变了自己的初衷，把自己的香木全都烧成了木炭。结果，烧成的木炭很快卖完了，他非常高兴，拿着自己卖炭的钱迫不及待地回家见父亲。

听了儿子的讲述，父亲老泪纵横，他深深地叹了口气，说：“孩子，你烧成木炭的香木是世上最珍贵的树木——沉香。你只要切下一小块磨成香粉，它的价值远远超过那一车的木炭啊!”

相信富翁在意的并不是儿子失去了赚钱致富的机会，而是他没能够守住自己的“沉香”，让世界上原本最珍贵的香木变成了最平常的木炭。回头想想，生活中又有多少人也曾犯过同样的错误，没有坚守自己的“沉香”，选择了随波逐流，放弃了做最真实、最独一无二的自己。

欣赏自己是一种由内而发的自信姿态，而不是华丽丽的外表和他人艳羡的目光下的那个自我形象。欣赏自己，就该在无人为你鼓掌的时候，给自己一点鼓励；就该在无人安慰自己的时候，为自己擦掉泪滴；就该在自惭形秽的时候，给自己一点自信。然后，丢掉昨日的疲惫和伤痛，抚平昨日的痛苦和伤痕，去迎接新一天的太阳，走向一个风和日丽的清晨。当你学会欣赏自己，认识到自己的价值，就不会根据别人的看法嫌恶自己、贬低自己，不会按照别人的标准来生活，也不会感到压力重重。

当然，欣赏自己不是自视清高，也不是孤芳自赏，而是在平凡中发现自己的独特魅力。你看那春寒陡峭中的冰凌花，它从来不被人像牡丹那样地宠爱，而它仍旧义无反顾地迎着寒风倔强地开着。天底下的至香至色，只愿与清寒相伴。不卑不亢，落落大方，才是欣赏自己的方式。只有爱自己的时候，才会保持最美的姿态。

第四课

接受自己，才能改变自己

每个人都是上帝咬过的苹果，并不完美。这个事实所有人都知道，但并非所有人都能接受。有些人渴望在人们不知不觉中改掉自己的缺点，甚至掩饰自己的缺点，但事实上，无法直面自己的缺陷是不可能让自己有所改变的。

不过有些人却懂得，唯有敢于接受自己的缺陷，才有可能自信起来，才有可能扭转自己的人生，拥抱更为光辉的未来。

有个女孩的歌声悠扬动听，宛如山间黄鹂鸟的声音。但这个女孩总是不开心，因为她长着一口十分难看的龅牙。

一次，她去参加歌唱比赛，表演时，总是有意识地用手去掩饰自己难看的牙齿。这样，她的表演就变得很滑稽，自然也没有得到好分数

比赛结束后，一个音乐人找到了这个女孩，真诚地对她说："我相信你会成功的，但是你必须忘掉你的牙齿。"在这位音乐人的鼓励下，女孩的心结慢慢打开了，她不再刻意掩饰自己的一口龅牙，开始忘我地唱歌。

后来，在一次全国大赛中，她以出色的歌声以及极富个性的表演征服了在场的所有观众和评委，成为家喻户晓的明星。

这个女孩就是美国著名的歌唱家卡丝·黛丽，她的龅牙变成了她的招牌特征。每个人，你、我、他都有自身的缺陷，我们必须得承认这一点。心理学家说，完美的人或物会让人感到可爱，而有缺陷的人或物，会让人感到可信。

其实，就像故事中所说的那样，不接受自己的缺陷不代表意识不到自己的缺陷。当自己有某个缺点的时候，人们总是刻意地掩饰，这样无异于将自己的缺点暴露在人们眼前，而自以为成功的掩饰行为反倒显得幼稚可笑。而且，你的热情与勇气会被压制，如此潜能很难被激发出来，取得的成就也就有限。

每个人都有缺陷，你的缺陷并不能成为别人嘲笑你的理由。如果你是一个成功人士，那么就算是你有缺陷，在你的成绩前也会变得微不足道。没人喜欢虚伪的人，你坦诚接受自己的缺陷，对你的形象是有好处的，这也是所有自信人士会做的选择。

是的，勇于承认自己的缺陷，敢于告诉别人“我并不完美”的人，不仅能充分体现自己的人格价值，还会得到众人的追随。试想一下，如果你连自己的缺陷都不肯正视，那么你要怎样才能展示自己优秀的一面呢？

一天，《巴黎时报》的首席记者在采访拿破仑后，写下一篇人物通讯，通讯中有这样一句：“他矮矮的身材似乎变得高大起来。”

稿子很快送去了通讯组组长那里，组长斟酌良久，提笔将“矮矮”两个字删除，变成“他的身材似乎变得高大起来”。接下来，稿子又送到了报社总编手里，总编同样地斟酌了良久，随后他也删除了几个字，使那句话变成了“他身材高大”。

稿子见报后，首席记者提出抗议：“你们歪曲了事实！”通讯组长不以为意地说："文章就是要言简意赅，我帮你把稿子删掉了几个字，使之更加精练，怎么是歪曲事实？"

总编更是理直气壮地说道："我们根本就没有歪曲事实，我们是正视事实——正视拿破仑是皇帝这个事实！"

不久，拿破仑本人也看到了报纸上的通讯，他把那位记者找来，不满地问道："你怎么把我写成'身材高大'了？你应该按照我本来的面貌来写！"记者无奈地摇摇头说："陛下，眼下根本不可能按照您本来的面貌来写。"

"那什么时候才可能呢？"拿破仑不解地问道。记者老老实实地回答："等你下台以后，陛下。"

拿破仑明白了是报社怕得罪自己，才发不实报道，于是诚恳地让记者把稿子改过来。他觉得缺陷就是缺陷，没必要去掩饰。

拿破仑叱咤风云多年不是没有一定原因的。他虽然身材矮小，但是内心确实是自信的、强大的。如果他做事缩手缩脚，连自己的身体特性都不容许别人客观地写出来，就不会有那么多自愿追随他的人。当然，不是说有缺陷就是好的，而是说，在个别情况下，有缺陷并不是意味着糟糕透顶。

一位哲学家说："人生的意义不在于拿到一副好牌，而是在于怎么样打好一副烂牌。"就算我们天生在某方面存在缺陷，只要你足够爱自己，相信自己的未来，那么你就可以勇敢，以无比虔诚的态度对待自己的前路，那么你就有权拥有一个精彩的人生。当你站在一定的高度时，就会发现自己的那些缺点早已在自己的努力下烟消云散了！

英国人艾莉森·拉佩尔是一个不幸的女孩，她出生的时候把接生医生都吓坏了——她没有双臂，双腿也特别短小，这是一种名为“海豹肢症”的先天残疾。出生后几周内，拉佩尔就被父母抛弃了，她被送到一个叫“残疾人之家”的地方，那里收容的孩子们没有一个是身体正常的。但拉佩尔没有丧失对自己的信心，丧失对生活的向往，相反这更加激起了她对生命、对美好的渴望。

拉佩尔很好学，而且很聪明，她喜欢画画，她三岁时就开始摆弄画笔工具，用自己并不正常的脚。到16岁时，她的绘画作品居然在当地的绘画竞赛中获奖。17岁时，拉佩尔在一家残疾人评估中心接受各种生活及职业训练，比如骑马、学习艺术，以提高在社会中的适应能力。19岁时，拉佩尔已经有能力独立生活了。之后，拉佩尔进入布赖顿大学艺术学院学习，她开始了一项新工程：以自己的身体为原型进行艺术创作。通过摄影、绘画，拉佩尔用不同方式展现自己并不完整的身体。

就这样，拉佩尔通过自身的努力成为一名著名画家和摄影家，被诸多人认识并喜欢。对于自己的成功，她说道：“残疾就一定与美丽无缘么？它不可以让人们产生除了‘厌恶’、‘怜悯’、‘同情’之外的感受么？我正在向世界展示，答案是否定的。美存在于一切事物之中，包括我。”伦敦市长肯·利文斯顿则这样形容拉佩尔：“艾莉森展示给我们的是与命运的抗争。这是一件关于勇气、美丽和抗争的作品，艾莉森是现代社会的女英雄，坚强，可敬，给人带来希望。”

艾莉森·拉佩尔没有双臂，双腿也特别短小，她的身体是残缺的，但她没有因此沮丧，而是接受了自己的残缺，并且对生活充满了热情。最终她成为一名著名画家和摄影家，改变了自己的命运。她用残缺向世人展示了不残缺的梦想，这是一个自信的女人，也是一个真正爱自己的女人。

所以，面对身体的残缺，我们不必为此痛哭流涕、怨天尤人，更不能自暴自弃，失去生活的信念。最好的办法就是坦然接受，并且自励自慰："我是被上帝咬过的苹果，只不过上帝特别喜欢我，所以咬的这一口更大罢了。"只要拥有信念和一颗上进的心，相信谁都能创造出奇迹。

第五课 不在意，对轻视的最好回击

我们几乎都有过遭人轻视的体会，这时候，你会如何面对呢？在现实生活中，总有太多的人因为在意别人对自己的评价而缩回自己刚刚施展开的手脚，压抑自己的抱负和理想；有些人会干脆放弃自己的追求，使自己停留于一般和平庸，混同于普通，甚至是落后。你是否也曾这样呢？我们忘记了，我们要做的是自己的事情。

有个女孩从小对文学有着深厚的兴趣，并渴望长大后能成为一名作家。为了实现这个目标，她努力地学习文学知识。大学毕业后，她用很长的时间写了一篇爱情小说，然后拿给自己的一位朋友看。这位朋友平时最不喜欢爱情小说了，而且他也不喜欢码字的工作。他草草地看了一遍，摇摇头说道："不好，拖泥带水的作品怎么能打动读者呢？你不适合当作家，还是为自己重新找一个方向吧！"

听完朋友的话，女孩很难过，心想："看来我真不适合写作。"多年以后，女孩虽然已经算是事业有成了，但心里还是喜欢写作，那是她儿时的梦想，可惜自己偏偏不具备写作的基本素质，人生真的有很多不如意了。不过后来一个偶然的机会，女孩结识了一位著名的作家，当女孩和他谈及当年自己的小说时，这位作家不禁惊呼："情节太动人了，你能在那么短的时间里编造出那么精彩的故事，真是不容易呀！你是当作家的料，而你却放弃了写作，实在是太可惜了！"

不要因他人的风言风语而乱了方寸，也千万不要让轻视者打垮自己。其实，别人不重视我们时，我们的生活只不过是少了一种快乐而已。除此之外，他们并不能把我们怎么样。而且你想做一个否定自己而默默无闻的人，或是一个有着丰功伟业的人，全在于你对自己的评价，而别人也许会因为你的自我评价而等量齐观地评价你。

自信是自己相信自己的一种能力，这种信任是别人所不能给的，有些人在你看来或许是在为你考虑，但这并不代表你一定需要听从别人的安排。更何况众口难调，每个人都有不同的看法，你不过是在走自己的路而已。因此，不要再一味地在乎旁人的评价，要对自己充满信心。

退一步说，有些人之所以轻视我们，不一定是因为他们比我们好或强，也有可能是因为我们更优秀，他们心里不平衡，"吃不到葡萄说葡萄酸"，你更不必在意。

不在意是对轻视的最好回击。只要我们端正自己的心态，始终做到相信自己，那么这种轻视行为就伤害不到你，拖不垮你，拉不倒你，挡不住你，影响不了你的情绪，更左右不了你的生活。做自己应该做的事情，用实力努力证明自己，让对方望尘莫及时，他只能尊敬你、欣赏你。

由于工作出色，苏珊进入公司不到三年就被领导提拔了，她从一个普通会计晋升为了财会小组长。遇到这样的好事情，苏珊心里自然是美滋滋的，上下班路上都哼着小曲，但是很快这种好心情就被破坏了。有一个同事心里不平衡，觉得自己是老员工，凭什么这么好的机会让资历尚浅的苏珊“捡”了，于是，对苏珊的态度尖刻了起来，说话很不客气，有时还带着“刺”：“有些人爬得真快，也不想想是谁在给她垫背。”“人家年轻人长得好看，悄悄抛一个媚眼，自然就能得宠……”

听到这些，苏珊自然明白对方所指，她很是气愤，但是理智控制了情感。办公室就几个人，她也不想搞得很僵，毕竟还要来往，而且自己也要发展和进步。于是，每当同事再对自己风言风语时，苏珊都是大人不计小人过，嫣然一笑，继续埋头工作。就这样，苏珊顶着被否定的心理压力，不断地提高自己、完善自己，工作成绩越来越好，又一次次得到了领导的表扬。时间久了，这位同事也觉得苏珊的工作能力的确比自己高出不少，也便不好意思再说什么了。

每个人都是独立的个体，有着只属于自己的想法和目标。虽然听取别人的意见能够使自己少走些弯路，但绝不能只因别人的意见而动摇、放弃自己的信念。无论什么时候，学会善待自己，凡事有自己的主见，这样才对得起自己。

第六课

最难的抉择，最大的成就

对于一个人来说，在抉择面前拿不定主意，这实在是一个致命的弱点。因为这样的行为会破坏一个人的自信心，也可以破坏一个人的判断力。往往人犹豫时，出于矛盾的心态，“前怕狼，后怕虎”的心理，会陷入强烈的内心冲突。结果衡量来、衡量去，时间就被蹉跎了，很可能一事无成。

马腾是学会计的，他知识渊博，头脑灵活，大学一毕业就被一所高校任用当上了老师。虽然工作很稳定、很轻松，但马腾有些不甘心。因为身边的朋友们有炒股的，有经商的，有做物流的，个个都混得有声有色。马腾看得直眼红，他也渴望成功，便决心“下海”做生意，挣大钱。

但究竟做什么好呢？马腾心里没有底。有朋友建议他办一个会计培训班，马腾很有兴趣，但很快他就犹豫了：培训班能招到人吗？能挣到钱吗？还是试试其他的方法吧。炒股的那位拉马腾跟自己学炒股票。马腾豪情冲天，但去办股东卡时他又犹豫道：“炒股有风险，我还是等等看吧。”

两三年了，马腾在犹豫中度过，一直没有“下”过海，一直碌碌无为。

扪心自问一下，你是否也曾这样？

做事时犹豫不决的人往往总觉得身心疲乏，因为应做而未做的事情会不断给我们压迫感，这是影响高效的最基本原因。如果你还在犹豫不决，坐失良机，你想过结果吗？反观那些自信的人，他们大多具有决断的勇气和气魄，能毫不犹豫地做出抉择，然后坚定不移地朝着自己的目标迈进。

人生中很多事情的发展都取决于某个关键时刻。有些抉择是很重要的，也是很艰难的，但为了整体的利益，你必须拿出勇气和魄力当机立断。要知道，一个人若有了这样的自信，会大大激发自身能力，结果就是离成功越来越近。即使你会犯一些小错误，也不会给事业带来致命打击，总比那些胆小狐疑的人好得多。

我们大概都听过“断尾求生”的故事：遭遇敌害的时候，壁虎通常会弄断自己的尾巴，让那条断尾继续跳动，分散敌人的注意力，以便让自己逃脱。如果它犹豫不决的话，那么最终的结果就不是少了条尾巴，很可能是送了命。况且，少了尾巴也没关系，不久之后它还会再长出来。

看一则小故事，一切就都能明了。

在一片宁静的太平洋海面上，行驶着一艘美丽的大船，这是西班牙的海鹰号和它的队员们。水手们心旷神怡地欣赏着大海上的美丽风光，老船长一面老练地操纵海鹰号，一面和水手们计划着到前面的一座珊瑚岛上来一次烧烤大会。水手们兴奋地欢呼起来，跳起热情的桑巴舞……忽然，平静的海面剧烈地震荡起来，一道白色的巨浪腾空而起，从前面直奔毫无戒备的海鹰号。

船上的人全都吓呆了，一时搞不清这是什么状况。还是老船长有经验，他惊魂稍定，连忙驾着海鹰号往后行驶，还不忘嘱咐水手们将食物、设备等物资扔掉。但海浪越逼越紧，海鹰号居然开始渗水了。“马上弃船！游到前面的岛上！”老船长命令道。水手们对海鹰号喜爱极了，他们舍不得丢下它，寄希望海浪过一会儿可以消失。老船长见此大吼道“听着，这是命令”，并率先跳了下去。他们游到了岛上，这里虽荒凉却物产丰富，饿是饿不死的。而且，幸运的是在这场灾难中人员无一伤亡。要知道，他们遇到的是一次罕见的海底地震，无一伤亡的结局空前绝后。

这是一个果断的船长，一个自信心强大的船长。试想，如果他没有足够的自信，不果断、犹豫不决的话，那最终恐怕就不只是损失一艘船了，很可能全船的人都会送命。

在人生这条道路上，面对选择的十字路口会不断出现。这时我们不该没有选择，没有思考，更不应该犹豫。只要认清方向，就该放胆前行。有一句话说：“世上本无路，人走得多了便成了路。”既然这样，还犹豫什么？要知道，每一段路的终点都是一个新的起点，所以根本没有对错之分。

成功学大师拿破仑·希尔小时候是个做事很犹豫的人，但之后他发现自己想要做的事情如果不马上去做或表态，就会出现另一种结果——永远也别想得到。比如，他想养一只落在院子里小雏鸟，但他犹豫着爸爸会不会允许，结果小雏鸟被一只猫给叼走了；爸爸问他想不想一起出门，他一犹豫，爸爸便带着其他人走了。如此的情况多了，他养成了一个习惯，在最短的时间内给出结论。

成年后，拿破仑·希尔在一家报社做记者，他的第一个采访对象就是“钢铁大王”卡内基。这么重要的任务，他犹豫着该不该接，担心自己做不好，但他提醒自己千万不能犹豫，否则这个机会就给了别人了。他做足了功课，与卡内基侃侃而谈，采访进行得很顺利。出于对这个年轻人的喜爱，卡内基说要给拿破仑·希尔推荐一份工作，但这是一份没有报酬的工作，即用20年的时间来研究世界上的成功人士。同意等于没有钱赚，不同意呢，这是一个与成功人士结交的好机会。同意？不同意？进退两难之下，他响亮地给出了答案，“我愿意！我十分确定！”

卡内基露出了满意的笑容，露出了紧握在手中的手表：“如果你的回答时间超过60秒，将得不到这次机会。我已经考察近200个年轻人，没一个人能这么快给出答案，这说明他们优柔寡断。我认可你！”之后20年的时间里，卡内基带拿破仑·希尔采访了当时许多著名的人物，如爱迪生、富兰克林，他们都是在政界、工商界、金融界等卓有成绩的成功者。拿破仑·希尔根据自己的研究写了一本《成功规律》，这是人们梦寐以求的人生真谛——如何才能成功。此书一上市就被热捧，而拿破仑·希尔也一跃成为美国社会享有盛誉的学者，还成了两届美国总统伍德罗·威尔逊和富兰克林·罗斯福的顾问。面对纷至沓来的荣誉，他说：“最难的抉择，最大的成功。”

面对需要做抉择的事情时，你是否经常会感到非常困难？瞻前顾后，迟迟不能做出决定？如果你的答案是“是”，那么你就是一个不果断的人、不自信的人。如果你真爱自己，如果你渴望成功，那就及时改变吧。

在大多数情况下，不必求什么“万全之策”，有七分把握就够了。因为动用太多的信息，思考太多的问题，这会干扰我们的思路，同时也会加大出错的概率。有个大致的了解，在执行过程中依据具体情况再调整，这样完全可以避免失误，将事情做得十分完美，请相信你自己的能力和潜力。

第七课

自我挑战，让自信看得见

有人问一位成功者：一生中最大的挑战是什么？那位成功者回答说，最大的挑战是自己。只有挑战自己你才有机会面对其他，只有挑战自己你才有能力去战胜其他，你也才能有完善和提高自我的能力。

在奋斗的过程中，每个人随时都可能碰到挑战。这时，你是如何应对的？

“我学历太低了，怎么能有高收入呢？”

“我的专业不对口，我做不了那份工作。”

……

当一项新的挑战摆在眼前时，我们不少人会不自觉地担忧和害怕，怀疑自己能否真的做好，不敢挑战自己，甚至只会逃避。殊不知，以屈服者心态面对人生，不敢挑战自己的人，是不会有太大作为的，只能懦弱地活着。你为什么不成功？原因很可能就是你没有挑战自己的勇气和决心。

我们很多人都听过那个关于沙丁鱼的故事。

一个人将鱼缸中间放一片透明的玻璃，一边放上小鱼，另一边放上沙丁鱼。沙丁鱼看到小鱼，就冲过去吃，可每次都撞到玻璃上。很多次都这样，过一段时间后沙丁鱼觉得自己不可能吃到小鱼，再看见小鱼游也不冲过去吃了。过了一段时间，那个人把中间那片玻璃拿出去，小鱼和沙丁鱼完全混在一起，你会发现一个特别奇怪的现象，有好些小鱼就在沙丁鱼嘴边游，可沙丁鱼却没有任何要吃的动作。

沙丁鱼为什么不再吃小鱼了呢？是它不喜欢吃吗？不是，它是在几次“碰壁”之后，认定自己吃不着小鱼，所以干脆不吃了。我们也是一样，如果你自己都不相信自己能行，那谁还能相信你呢？而且，如果你觉得自己不行，心理上产生消极的、被动的意识，行动上自然也就变得消极起来。

为什么？这是潜意识的力量。所以，如果你想证明自己的人生价值的话，那就一定要拥有一份挑战自我、战胜自我的信心，然后最大可能地激发自己所拥有的潜能去搏击每一次挑战。以征服者的心态对待人生，相信自己将来会有所成就，心中充满必胜的信念的人，取得成功的可能性往往很大。

世界上本没有什么依仗魔力便获得成功的人，谁也不是天生就伟大杰出的。开始时，其实人们是在同一条起跑线上，只是那些成功的人总是先坚定自己必胜的信心，面对挑战不退缩、不逃避，善于为自己创造条件，并主动展现自己的能力，相信一切皆有可能，最终他们创造了辉煌的成就。

澳大利亚人约翰·库缇斯从出生开始就被称为“可乐男孩”，因为他的脊椎下部没有发育，整个身体仅有可乐罐那么大。医生断言约翰不可能活过24小时，建议他的父亲准备后事，但他却坚强地活了一周、一个月、一年、十年……17岁时，他不得已地做了腿部的切除手术，成了靠双手行走的“半”个人。他的人生是充满痛苦和耻辱的，上学时周围不少小孩骂他是“怪物”，更有一些同学恶作剧地在他的课桌周围撒满图钉。中学毕业，他开始进入社会寻找工作，却被无数次拒绝。

在所有人看来，约翰是什么都不能自理的可怜人，但他自己却不这么想。“我能行”，因为这种信念，约翰一直坚持不坐轮椅，坚持用“手”走。每移动一步，都感到钻心的疼痛，他的手上经常被扎得鲜血直流。后来，为了能够走远路，他学会了使用溜冰板、考取了驾照，他还坚持体育锻炼……由于上肢的长期锻炼，他的手臂有着惊人的力量，取得了一系列让正常人都觉得“做不到”的成就：1994年，他夺得澳大利亚残疾网球冠军；2000年，他拿到全国举重比赛第二名……后来，他应邀先后到过一百多个国家进行演讲，成了享誉世界的激励大师。

天生严重残疾，但挑战死亡；从小受尽歧视，依然笑对人生；只能依靠双手行走，却成为运动健将。为什么约翰·库缇斯能够将诸多的“不行”变为“行”？对此，他给出的解释是：“这个世界充满了伤痛和苦难。有人在烦恼，有人在哭泣。面对命运，任何苦难都必须勇敢面对。如果赢了，就赢了；如果输了，就输了。一切皆有可能，所以永远不要对自己说‘不行’。”

怎么样，约翰·库缇斯的自信感染到你了吗？

一个人有多大的信心，就会有多大的才能施展平台。世界是属于勇敢者的，喊着“我不行”的人，肯定竞争不过喊着“我能行”的人。那好，讲到这里已经非常明朗了。请问，你现在有勇气改变自己的命运了吗？那就撇开“不可能”的桎梏，告诉自己“我能行”吧，反复刺激自己的信心。

信心起作用的过程是这样的：相信“我能行”的态度，产生了能力、技巧与精力这些必备条件，即每当你相信“我能行”时，内心就会充满积极的潜意识，引发一系列积极的反应，自然就会想如何去做的方法。

有什么样的决心，就会有什么样的态度；有什么样的态度，就会有什么样的行为；有什么样的行为，就会有什么样的结果。世界上没有过不去的火焰山，你最终能否取得成功，一切均取决于你自己。

毫无疑问，世界上没有一件事是“可能”的，也没有一件事是“不可能”的，事情一开始谁都不知道结果怎样。如果你想实现优秀的自己，想拥有辉煌的成就，那就在心里多念几次“我能行”，并将这一信念运用到实际生活和工作中去。慢慢地，你就会发现，成功没有什么不可能！

这就是自信的神奇力量！

第八课

走别人不敢走的路，做别人不敢做的事

有位自然科学家到非洲的大草原考察，他曾经在当地的一条河边观察过犀牛下河饮水的情景。每年夏天，有上百万只犀牛从干旱的地方迁移到河流边的湿地，栖息一段时间。在这段艰辛的长途跋涉中，这条河是犀牛群重要的水源，是生命的希望，但又是死亡的象征。因为犀牛必须靠河水维持生命，但河水还滋养着其他生命，如凶猛的鳄鱼，它们藏在河流缓慢的水下，静等着犀牛的到来。

犀牛们似乎意识到了鳄鱼的存在，它们慢慢地走向河岸，又不约而同地退回来。这群犀牛已经很长时间没有喝过水，但“舞蹈”仍然继续着。那天这位科学家在附近观察了三个小时，终于看到有一只小犀牛“脱群而出”开始饮水。为什么它敢于走入水中，是因为年幼无知，还是因为渴得受不了？

那些大犀牛仍然惊恐地止步不前，直到有些被后面的队伍不得已挤到水中，才喝起水来，然后很快又会从河中退出。而大部分犀牛来到河边时，又迅速回到迁移的路上，继续忍受干渴。

看完这个故事，你是不是会嘲笑这些犀牛太傻、太胆小？那你是否应该反省一下，生活中的你是否也像犀牛一样缺乏勇气，对未知充满恐惧，害怕潜藏的危险，忍受着对成功之水的渴望，放弃了对美好生活的追求？结果使自己变得越来越平庸。谁不想获得更多的成功，你忍心如此对待自己吗？

不要让胆怯和恐惧阻挡你的前进，能够取得成功的人都具有这样的魄力：走别人不敢走的路，做别人不敢做的事。

俄国文学家陀思·妥耶夫斯基说“勇敢者是到处有路可走的”。勇气是一种力量，如果你以一种充满希望、充满自信的精神面对生活的话，任何事情都不能阻挡你向前进。你可能会遇到挫折和失败，但那都是暂时的，只要你永不丧失奋勇向前的斗志和勇气，你一定能取得胜利，因为成功的门是虚掩的。

有没有勇气走出一步，往往是人生的分水岭。

美籍华人王安博士，几乎世界各地的企业界和IT界无人不知，无人不晓。在30年的时间里，王安的企业从600美元开始，上升到了年销售额30亿美元。这样一个令人惊讶的巨大成就，就源自王安敢做别人不敢做的事，将别人认为不可能的事情变为可能。

1951年，王安毅然告别了令很多人艳羡的哈佛大学计算机研究所的工作，用600美元的家底成立了王安实验研究公司。在起步阶段，可以说只能用“艰难”二字才能够形容。起初，公司里只有他和妻子两个“全职”员工，另外还有一名“兼职”人员作为工作的助手。一年下来，王安实验研究公司只有一万多美元的营业额，这样下去公司必将因难以为继而关门大吉。面对现实的困境，王安寻求着突破口，很快，他开始和一些公司联盟。这一举措是需要胆略和更大的冒险精神的，因为与王安联盟的公司实力都强于他，在这个过程中，虽然他会受益，但也会有损失。

最终的结果表明的确如此，联盟虽然为公司的经营发展带来了益处，但同时也给王安的公司造成了不小的损失，不过王安毅然坚持了下来。后来，他的公司推出了“洛其”对数计算器，这种计算器销量很好，为王安的公司带来了新的希望。又经过一段时间的奋战，王安又推出了自己设计制造的“300型”计算器，使公司的销售额又来了一次突飞猛进的增长。在这种高歌猛进的势头下，王安又将目光对准了更先进的产品——计算机。为了弥补自己在软件技术方面的不足，他以745万美元的价格买下了菲利普·汉金斯股份有限公司，不久后生产试制出了计算机产品，在上市后均深受用户们的好评。

不过，王安的脚步并没有止于此，在开发通用计算机的同时，他又带领着团队开始研制文字处理器WPS。这是一个全新的领域，由于竞争小，王安的公司在这一领域的优势保持了许久，整个20世纪70年代后期和80年代前几年都是黄金时代。

推开虚掩的门，这一举动需要鼓足勇气，需要培养信心，需要付出努力……自信一点，找到你心中的勇气，勇敢朝你心中的目标奔去，并无怨无悔地付出努力，随后呈现在你面前的将是一个开阔灿烂的新天地，相信你会情不自禁地在心底感叹：“啊，那扇成功的门原来真是虚掩着的。”

第五辑

单纯

当我开始真正爱自己，

时间便成了不可多得的东西，

比起耗尽青春去勾画那些宏伟的蓝图，

比起钩心斗角、步步为营，

我更愿意将自己的一生都铺画在快乐上。

热爱生活，用自己的方式、自己的韵律做让自己欢喜的事，

便是幸福的真谛。人们称之为“单纯”。

第一课

今天的你好吗

爱自己就是让自己幸福，而幸福来源于我们对生活的热爱。

如果你眼中的生活值得爱，那么你会发现身边处处是美景；若你口中的幸福只是一个概念，那么美景在你眼中也只是一片荒凉。生活如此美好，我们应该为其讴歌。不管生活中有怎样难以言喻的苦涩，只要我们不放弃对生活的赞美和热爱，那么一切惶恐和不安都会过去，我们的心灵自然能够得到修复。

有一位诗人心里充满了对生活的困窘和无奈，身心俱疲的他想到旅行，希望可以借旅行来散散心。谁知，旅行并没有给他带来快乐，只是让他在不同的地方依然为同样的烦恼而痛苦着。直到有一天，他听到路边传来一阵悠扬的歌声。

歌声非常美妙，跳动着快乐的音符，诗人不禁驻足聆听。没过多久，诗人的心情就像秋日的晴空一样明朗，又如夏日的泉水一般甘甜。他被快乐紧紧地包裹起来，内心重新鼓起了生活的勇气。

突然，歌声停了下来，一个面带笑容的男人走了过来。诗人从来没有见过笑得如此灿烂的人，心想：这个人肯定没有经历过任何的苦恼。只有从来没有经历过任何艰难困苦的人，才会笑得这样灿烂、这般纯洁。

于是，诗人走上前去问候：“你好，先生，从你的笑容可以看出，你是一个天生的乐观派。你的生命肯定一尘不染，肯定没有尝过风霜的侵袭，更没有受过失败的打击，并且幸运的天使肯定会常驻你的家门。你就像不食人间烟火的神仙，烦恼和忧愁肯定没有敲过你的家门。”

男人摇摇头说：“您可猜错了，就在今天早晨，我丢了唯一的一匹马。”

诗人非常不解，疑惑地问：“最心爱的马都丢了，还能唱得出来?”

那个男人说：“我当然要唱了，我已经失去了一匹好马，如果再失去一份好心情，那损失不是更大吗？正是因为有了歌声的相伴，才使我的生活充满阳光，才使我更加热爱生活。每当歌唱的时候，我就会感觉每一个早晨都充满了希望，而幸福就在前方等待着我的到来。”

在生活中，我们也应该像故事中唱歌的那个男人一样积极乐观。也许生活让我们失去了很多，但是无论遇到了多大的不幸，也不能再失去好的心情，因为没有什么能够让我们不快乐，除非我们不想快乐。

人生就像是一条漫漫长路，有一些令人赏心悦目、悠然忘我的美景，也有一些凄风苦雨、穷山恶水的惨象，然而在此之外，更多的是平淡而重复的画面，谈不上美，也不算丑，这样的景色才是我们人生的常态。而在这样的路上，是哼一支欢快的歌脚步轻灵，还是叹着气拖着沉重的脚步往前走，就决定了我们的人生大部分是快乐还是悲伤。

生活就像是一首歌，当歌声是欢快的，那么生活亦是幸福的；当歌声是悲伤的，那么生活亦是悲哀的。既然如此，那么我们为什么不选择大声地为生活唱一首欢乐的歌呢？为什么不选择幸福地生活呢？事实上，一个真正爱自己的人，是不会让自己深陷悲伤的，只会让自己更幸福。

幸不幸福取决于我们自己，生活中很多人觉得生活不够幸福，并不是遭遇了太多的不幸，而是想了太多不幸的事。当问及今天的幸福时，回答不幸福的人往往心中想着那些不快的事情。而那些回答幸福的人往往只会看自己所拥有的快乐，而不是缺少的东西，进而真切地感受到了生活中的快乐。

出生时由于医生的疏失，黄美廉女士脑部神经受到了严重的伤害，自幼便患上了脑性麻痹症，以致颜面、四肢肌肉都失去正常作用。她不但不能说话，而且嘴还向一边扭曲，并且口水也止不住地往外流。尽管如此，黄美廉女士还是快乐地拿起画笔，不仅画出了加州大学艺术博士学位，还画出了自己生命的灿烂。

黄美廉拥有的成就是一般正常人都很难达到的，更让人感慨的是她的乐观。因为脑性麻痹症，她作画要克服常人难以想象的困难，但是每当她铺开画布，都无比快乐。

一次演讲会上，有个学生直言不讳地问她："请问黄博士，您为什么这么快乐幸福呢？您从小身有残疾，您是怎么看待自己，有没有过别样的想法?"对一位身有残疾的女士来说，这个问题是那样的尖锐和苛刻，不过黄美廉并没有在意，只是朝着这位学生笑了笑，转身用粉笔重重在黑板上写下一句话："我怎么看自己?"

写完后，黄美廉回头冲在场的学生们笑了一下，接着又在黑板上龙飞凤舞地写着自己对问题的答案：

一、上帝很疼爱我！

二、我很可爱！

三、我会画画、会写文章！

四、我的腿很美很长！

五、爸爸妈妈好爱我！

……

黄美廉一下子写出了几十条让她热爱生活的理由，条条都是那样的理直气壮。这时，笑容从她的嘴角荡漾开，一种淡然、自信的神情溢满了她的脸。

台下传来了如雷般的掌声……

你没有理由不快乐，没有理由过得不好。像黄美廉女士这样的人，你或许会羡慕她的成就，却忘记了她所遭受的苦难。而她自己呢？她并不去想自己的不好，而是将所拥有的幸福罗列起来，好好珍惜已经拥有的东西，这样她的人生中就只有快乐和幸福。我们为什么不能这样做呢？

生活也好，幸福也罢，都是一点一滴堆砌起来的。如果你用不幸做基础，那么盖得再高也只是眼前的屏障。若是你以幸福做基底，那么你就能盖出世界上最高的眺望塔！通过这座塔，你可以眺望未来的幸福，看遍天下美景！现在开始，不要去想对生活的不满，只看自己所拥有的，记住今天的自己很好就够了。

第二课 行个礼，握握手

时下，你是否觉得自己活得太累？你想过是什么原因吗？是因为充满压力的工作，是沉重的生活负担……这些都有可能，但究其原因是因为一颗复杂的心。

张山觉得生活很复杂，处处充满了钩心斗角、尔虞我诈。这令他心惊胆战，时常觉得身心俱疲，于是他到山上拜佛烧香，礼佛完毕后与寺庙的一位智者在一起聊天，聊着聊着就说到了自己的烦恼。

智者听完后没有说话，只是微笑着看着张山，张山也回之一笑。但过了一会儿，智者仍然微笑而视，张山有些不自然，心想智者这是怎么了。过了一会儿，见智者还是微笑着看着自己，张山心慌了："他是不是在嘲笑我呢？笑我像小丑一样。"又过了一会儿，智者始终都保持着微笑不语的样子。张山再也按捺不住了，他脸涨得通红，指着智者的鼻子嚷道："你在嘲笑我吗？真是无理！"

"不，我笑和你并没有什么关系，"智者微笑着回答道，"我刚才只是想起了以前一件事情所以忍不住笑了，因为很有趣，所以我就多想了一会儿。但你却妄自猜测，认为我是在笑你，是你想太多了。生活中，如果你总是这样猜测别人的话，你岂能轻松呢？只会失去他人的好感与信任罢了。"

"人"字一撇一捺够简单的了，世界也很简单，复杂的是人心。在生活中，你是不是也经常像故事中的那个人一样把原本简单的事情看得太过于复杂了，会纠结、计较别人的一句话，一个动作，甚至一个眼神，打乱内心的安定与平静，最终在人情世故中作茧自缚，活得不快乐呢？

既然如此，我们何必自己折磨自己呢？学着单纯点，不好吗？换一句话说，如果我们单纯点，对自己简单一点，对别人简单一点，别人也就简单地对待我们，周围的环境也会简单许多，生活会变得更轻松一些。其实说白了，人际关系是很简单的，不就是行个礼、握个手，或再交交心吗？

看山是山，看水是水；看山不是山，看水不是水；看山还是山，看水还是水。这段充满禅机的话，阐释了人生的三重境界：涉世之初，我们多是纯洁无瑕的，看山是山，看水是水；随着年龄渐长，经历的世事渐多，人变得忧虑、多疑、警惕、复杂，看山也感慨，看水也叹息；人生的经历积累到一定程度，对世事有了一个清晰的认识，这时候就看山又是山，看水又是水了。

这就启示我们，单纯点儿，再单纯点儿，不必刻意去做人，无须精心去处世，该哭就哭，想笑就笑，简简单单地生存，这是清醒中的深刻、明智中的理性，是真正的做人与处世，也是至善至美的人生境界。这正如一位哲人所言："生命如果以一种简单的方式来经历，连上帝都会忌妒。"

王萌是某广告公司的策划总监，她不但可以做出令人拍案叫绝的策划，而且每周阅读一本好书，看一次电影，周末还会在某个陌生的地方旅行。有人问她："你怎么能做这么多事情呢？"她回答："很简单，去做就可以啦。"

身为职场白领，王萌最开始也深受手机带来的束缚，不得不把自己的神经吊在可能突然炸响的紧张之中。但后来王萌意识到，人活在这个世上无法排除和人打交道，但是少接一个电话、少参加一次应酬、错过一次派对并不是什么大不了的事情。

王萌想活得简单一些，于是她开始"反抗"了，一下班就关掉手机，绝对把自己隔绝在现代化之外。"不为赚钱而赚钱，不为人际而周旋，读书看报等，做有助于自己精神成长的事，率性而为，内心宁静平和，结果简单水到渠成，而且工作、人际并没有因此受影响，大家反而觉得我很有个人魅力。"王萌感慨道。

做人做事在我们诸多人看来均是一件比较复杂的事情，但是王萌却用一种单纯的心态看待，活得简简单单，切实地享受到了幸福快乐，这再次向我们证实了所谓的“复杂”只不过是对自己的蒙骗。

一个真正爱自己的人会送自己一颗单纯的心，把一切都看得很简单、平淡，无牵无挂、不计较、不被琐事烦扰，处于不纠缠、不羁绊的状态，如此也就不会被生生灭灭的念头蒙骗，也就不会被纷纷扰扰的世界牵着走。可以预想，这样的生活是快乐的，是幸福的，也是许多人所向往的。

你活得累吗？现在就做出改变吧，为时不晚。

第三课 因为单纯，所以明确

我们每个人都在追求成功，但有的人成功了，有的人却以失败告终，这是为什么呢？其中一点原因就在于，成功者心思单纯，目标明确，自始至终只追求一个目标，而失败者却在追求中不断地变换自己的目标。目标不专一，朝三暮四，乱订计划，这样做事自然杂乱无章，往往所获有限。

你看过这样一则寓言故事吗？

一名游客穿越森林时把手表丢下了，后来被一只猴子捡到。这只聪明的猴子很快就搞清楚了这个“战利品”的用途，掌控了整个猴群的作息时间，并凭此成了猴王。是手表给自己带来了好运，于是这只猴子每天在森林中寻找，希望得到更多的手表。功夫不负有心人，它终于又找到了第二块，乃至第三块手表。但出乎意料的是，当面对三块手表时，这只猴子反而有了麻烦和痛苦。原来，每块手表所显示的时间并不是分秒不差的。如此一来，猴子根本不能确定哪块手表上显示的时间是正确的，整个猴群的作息时间也变得一塌糊涂，令它的威望大降。

拥有一块手表可以准确地知道时间，但当面对两块甚至更多手表时，反而迷失了，带来了无尽的烦恼和痛苦。将手表定律运用到生活上，会给我们一种非常直观的启发，就是设定两个或两个以上的工作目标就等于没有目标，不仅浪费了宝贵的时间，还凸显不出我们的工作能力，得不偿失。

在一望无际的草原上，有一头剽悍的雄狮凶狠地向一匹斑马扑去，穷追不舍。在追与逃的过程中，雄狮超过了一匹又一匹站在旁边惊恐观望的斑马，但雄狮对那些和它靠得很近的斑马，却像没看见一样，一次次放过。终于，那匹斑马由于疲于奔命，体力不支，最后被凶悍的雄狮扑倒了。

雄狮为什么不放弃先前那匹斑马，改追离它更近的斑马呢？因为雄狮明白一个道理，追赶猎物不仅是速度的较量，也是体能的较量。只要盯紧前面的目标，当猎物跑累了，十有八九会成为自己的美餐。如果在追赶途中随意改换目标，新猎物体能充沛，捕捉到的可能性就会变得更小了。

我们每个人的精力都是有限的，不可能面面俱到，能办成的事也少。所以，最好要单纯一点，只选定一个目标就好。目的纯粹，就能避免枝节。而且，盯紧一个目标，让自己没有太多私心杂念，如此才能把心力尽可能用到与目标相关的事情上，努力的结果必然是离成功越来越近。

这样成功的例子举不胜举。

20 世纪 80 年代，在国内有一位非常出名的花鸟鱼虫画家，在他 16 岁的时候，就举办了个人画展。他的作品被选送到美国、法国等国展出，被世人称为“天才画家”，种种荣誉铺天盖地地向他涌来。

在一次画展上，有人走过来问画家：“你现在取得了这么大的成就，是什么样的力量让你从众多画手中脱颖而出呢？这一路走来，你是不是感觉非常艰难？”

画家微笑着说：“其实一点都不难，在最开始的时候，我本来是很难成为画家的。在当时，我非常希望自己能全面发展，我不仅喜欢画画，还喜欢游泳、打篮球，等等。这当然是不可能的，有段时间我心灰意冷，觉得前途渺茫，这时我的老师找到了我，并改变了我。”

众人都很好奇，画家解释道：“老师找到我后，找来一个漏斗和一捧玉米种子，让我双手放在漏斗下面接着，然后捡起一粒种子投到漏斗里面，种子便顺着漏斗滑到了我的手里。老师投了十几次，我的手中也就有了十几粒种子。然后，老师一次抓起满满的一把玉米粒放在漏斗里面，玉米粒相互挤着，竟一粒也没有掉下来。这时我才知道，我的人生目标太多，反而会得不偿失。为此，我放弃了篮球等诸多爱好，全身心地投入到我最喜欢的画画中来。就这样，我取得了今天这样的成就。”

故事中，画家的感悟不可谓不深刻！一个人要想成就大事，要做的就是目标明确。这正如比尔·盖茨所说：“如果你想同时坐两把椅子，就会掉到两把椅子之间的地上。我之所以取得了成功，是因为我一生只选定了一把椅子。

在人生道路上，你应该选定一把椅子。”想当初，因为选择了IT事业，他毅然放弃了哈佛学业，放弃了父母提供的优越工作，他心无旁骛，所以成效显著。

有的人做了一辈子事，却没有一件能让人记住的；但有的人一辈子只做了一件事，就让人记住了。如果你希望更好地爱自己、成就自己，那就专注于一个目标。切记，坚持做一件事情，是一种目标明确的追求，不但要有魄力，而且要有定力。你要全神贯注，理智清醒，坚守自我。

第四课 唤回失落的童心

梁启超说过：“老年人常思既往，少年人常思将来。惟思既往也，故生留恋心；惟思将来也，故生希望心。”这句话的意思是，思想的负担减轻了，心灵的压力也就释放了，然后，才会有轻装上阵的动力，对未来的憧憬。

“少年之思”再回归到本初，便是童言无忌，童心无讳，而有的全是真实和客观。当为生活忙碌而感到不堪重负的时候，当被诸多世事困扰而不得解脱的时候，不妨唤回最初的那颗质朴而纯净的童心。它会让你远离喧嚣，静静地听到来自心底的声音，在自然中享受简单，一切便返璞归真。

“花儿为什么会开？”这是一名幼儿园老师出给小朋友们的题目。

“标准答案”是：因为天气变暖和了。

而孩子们的声音是：“花儿睡醒了，它想看看太阳。”“花儿一伸懒腰，就把花朵给顶破了。”“花儿想伸出耳朵听听，小朋友在唱什么歌。”……

幼小的心灵之所以幻想无边，是因为他们不受拘束。也许，我们也曾经有过这样多彩的答案，也曾经幻想着把它保留下来，但随着生活中一个个无情而醒目的“大叉”在诸如“阳光很活泼”、“雪化了是春天”上印下，多边形也就都变成了没有棱角的圆。

如果现在的你听到这样的说法会因为觉得生动而感慨的话，那么也许，童心真的正在离你远去。但同时，别悲伤——心会动，就说明它还是鲜活的，还有唤回童心的希望。

的确，大多数人都会把“无忧无虑”、“快乐”这样的词语和童年所联系起来，那时的纯洁、天真和欢笑是那么令人怀念。长大以后，生活变得复杂艰辛，忙忙碌碌占据了时间的大部分，生活在千篇一律的轨道中度过；闲暇越来越少，繁重越来越沉，连微笑都成了奢侈品。一个人孤独地站在这个世界上，奋斗到最后，有可能还会无奈地发现，一直以来苦心经营、孜孜以求的，竟不是我们真正想要的生活。

原来，一切都被我们复杂化了。

许多事情是不需要经过轰轰烈烈才可以获得享受的。回归童心，便是简单处事，获得最自然、最真实的快乐。我们往往容易忽略手边最容易获得的快乐方式，比如重新拿起画笔，再次放声歌唱，与家人下一盘飞行棋；任由想象天马行空，不拘泥于现实，不羁绊于年龄。如此赤子之心，简单地来，简单地往，就能体会到生活在“简单”中显露出的情与趣。

“你必须保持童心。”说这话的，是那个从小被老师骂为“差生”、那个当年大胆创办《童话大王》的“童话大师”郑渊洁。在二十多年的创作生涯中，尽管也曾遭到非议，但郑渊洁始终都保持着一颗不泯的童心。

他认为，保持童心并不是一件可望而不可即的事情，成长的历练和岁月的侵蚀是不会带走人的好奇心和童真的。他曾说：“我的想象力和童心似乎永远不会枯竭，因为这些都来自于广博的生活之中。在生活中，像加油、验车这样的日常琐事我全都自己去做，不找别人替代，因为我要接触真实的生活。我有来自各行各业的很多朋友，我也可以从这些朋友身上观察生活。”

很多已为人父、已为人母的人感叹自己不了解孩子的世界，因为孩子的思维是非常理的，所以便想尽办法灌输他们成人思维，希望他们能够做一个“正常人”。实际上，这样的做法往往是毁了孩子。当我们不能理解孩子的世界时，是不是应该反省一下自己失去的童真？

其实，每一个人都是从童年走过的。童年的心，如一张白纸般天真无邪，对世界充满爱；童年的心，纯真而可人，对眼前景物求新，对世间事物求奇，因而勤观察好追究，打破砂锅问到底。以童心看世界，春风暖，夏雨凉，秋高气爽，冬雪融融，日出月落皆有意，红花绿草皆含情。因而，在童心的境界里，无纷争，无怨恨，没有名利扰攘，没有你争我夺，即使偶尔碰撞也会风吹乌云散，雨后见彩虹。这样的时光，又怎会不快乐？

许多悲观的人相信，生命是一件绝对严肃的事情，所以他们坚持把欢乐压抑下去。我们也常以为傻里傻气的“孩子行为”是心态和思想上的不成熟。因此，就有了世界上太多过于痛苦的纠结，过于认真的较劲。

有时就是一盆水，孩子也会玩上半天，装了又倒，倒了又装，周而复始，不知疲倦。如此简单重复的动作，对于孩子而言，他们从中找到了自己的乐趣，所以能享受很长时间。但对于成年的我们，工作就像倒过来倒过去的水一样，被看作是简单无聊的事情。如果我们也能充满童心，从中发现事物本身的情趣，想必也会像孩子一样乐在其中，再不会感到枯燥乏味了。

其实，往往生活在“游戏世界”里的儿童才是真正的“贵族”。他们总是心无旁骛，浑然忘我地沉浸在事物本身之中，在自由的生活里尽情地享受。可是，生活中真的有那么多“游戏世界”吗？没有。但以童心看世界，就可以让想象的翅膀不会折断，可以让复杂的问题简单化。而这种率真就足以让这个多彩的世界从此不再褪色。

不要抱怨生活充满恶意，选择爱自己，找回童年那个全情投入生活的自己，享受幸福，享受快乐吧。活得简单点，再简单点，快乐就会萦绕在你身边。请记得，当露水打湿了你的新鞋时，要想着蹲下身，轻轻地擦去花儿草儿的眼泪，嘴角上扬，并记录下“人花两相映”的笑容。一如小时候拉着妈妈的手，仰头问：“花草怎么都哭了，是不是它们昨天晚上吵架了？让我来安慰它们吧。”

第五课

对朋友，保持一颗真心就够了

朋友是我们在世界上非常重要的依靠。有时候，朋友可能会无心地伤害我们，但更多的时候，他们会用真心来帮助我们。每个人都有无心之失，即便朋友伤害了我们，我们也应该记得他们的帮助，用真心相待，并保持单纯的信任。

投机者将友谊视为手中可以交换的筹码，自私者将友谊视为感情上的累赘。很多人都慨叹，人生难得一知已。知已值千金，但是千金往往却换不来一个知已。其实，获得知已的方式并非金钱，更不是权力，而是自已的一片真心。真诚的朋友是抛开金钱物质的心灵的结合，是那些贫贱之交、患难之情。

自古以来，人们推崇那些君子之交淡如水的情意，这更加说明了真心的可贵。

1863 年 1 月 7 日，恩格斯的妻子玛丽·白恩士患心脏病突然去世。恩格斯以十分悲痛的心情将这件事写信告诉马克思。信中说："我无法向你说出我现在的心情，这个可怜的姑娘是以她的整个心灵爱着我的。"

第二天，马克思在伦敦给曼彻斯特的恩格斯写回信。信中对玛丽的噩耗只说了一句平淡的慰问的话，却不合时宜地诉说了一大堆自己的困境：肉商、面包商即将停止赊账给他，房租和孩子的学费又逼得他喘不过气来，孩子上街没有鞋子和衣服，"一句话，魔鬼找上门了"……生活的困境折磨着马克思，使他忘却了、忽略了对朋友不幸的关切。正在极度悲痛中的恩格斯收到这封信，不禁有点生气了。

从前，两位挚友之间常常隔一两天就通信一次，这次，一直隔了五天，即 1 月 13 日，恩格斯才给马克思复信，并在信中毫不掩饰地说："自然明白，这次我自己的不幸和你对此的冷冰冰的态度使我完全不可能早些给你回信。我的一切朋友，包括相识的庸人在内，在这种使我极其悲痛的时刻对我表示的同情和友谊都超出了我的预料。而你却认为这个时刻正是表现你那冷静的思维方式的卓越性的时机。那就听便吧!”

这个插曲是考验二人友谊的时刻。这时，马克思并没有为自己辩护，而是做了认真的自我批评。十天以后，当双方都平静下来的时候，马克思写信给恩格斯说：“从我这方面说，给你写那封信是个大错，信一发出我就后悔了。然而这绝不是出于冷酷无情。我的妻子和孩子们都可以作证，我收到你的那封信（清晨寄到的）时极其震惊，就像我最亲近的一个人去世一样。而到晚上给你写信的时候，则是处于完全绝望的状态之中。在我家里待着房东打发来的评价员，收到了肉商的拒付期票，家里没有煤和食品，小燕妮卧病在床……”

出于对朋友的了解和信赖，收到这封信后，恩格斯立即谅解了马克思。1月26日，他给马克思的信中说：“对你的坦率，我表示感谢。你自己也明白，前次的来信给我造成了怎样的印象。我接到你的信时，她还没有下葬。应该告诉你这封信在整整一个星期里始终在我的脑际盘旋，没法把它忘掉。不过不要紧，你最近的这封信已经把前一封信所留下的印象消除了，而且我感到高兴的是，我没有在失去玛丽的同时再失去自己最老的和最好的朋友。”随信还寄去一张100英镑的期票，以帮助马克思度渡困境。

马克思和恩格斯之间的友谊之所以显得珍贵，是因为他们历经了考验。朋友之间有摩擦是不可避免的，任何亲近的人之间都会有摩擦产生。当这种问题出现的时候，与其站在自己的角度去看待，不如试着站在朋友的角度去分析。

朋友是和你最亲密的人之一，能够在茫茫人海中走到你身边，这一点就足够你信任、原谅他了。在朋友身边，应该和在家人身边一样自在、放松，以一颗真心相待，在相信对方的基础上交往，才能获得真正的友谊，才能让自己内心获得满足和安慰。世间有很多尔虞我诈，若是将这些也放到和朋友的交往当中，那么你的朋友只会越来越少，生活便会处处有压力，透不过气来。

一只雌鹰和一只雄鹰生活在一起。秋天的时候，两只鹰一起出去采摘果实，然后放在窝里准备过冬。但是时间一长，果子就逐渐风干了，本来满满一窝的果子就剩下了半窝。

雄鹰就此事责怪雌鹰说："我们采果子那么辛苦，现在却不明不白地少了半窝，一定是你偷吃了!"

雌鹰申辩道："我真的没有偷吃果子，果子是自己少的!"

雄鹰冷笑着说："果子又没有长翅膀，难道会自己飞走吗？你偷吃也就算了，竟然还不承认，看来我真的是认错你了!"在争执中，雌鹰不幸被雄鹰啄死了。

过了几天，下起了大雨，窝里的果子被雨小一泡，又变成了满满一窝。雄鹰一看，才知道自己冤枉了雌鹰，可惜此时已经晚了，雌鹰的尸体都找不到了。

有些人就是这样，希望别人用真心对待自己，但是自己却往往缺少一颗真心。

人心之间是公平的，谁都希望被信任。猜忌让我们错过友谊。对朋友，要保持单纯的信任。即便发生了不愉快的事情，朋友之间的误会也能用彼此的真心来化解。

世间真挚的友情难能可贵，一生常欢聚的朋友更是不多。能够在自己的生活和事业圈子中有几个常欢聚的朋友，我们的生活会更加轻松，事业会更加顺利，何必要搞得太过复杂呢？单纯点吧，保持一颗真心，忘记朋友的伤害，铭记朋友的关爱。相信，你的友谊之树会常青，并枝繁叶茂。

第六课

慢些何妨，守住自己的本心

在快节奏的生活压力下，在争分夺秒的竞争中，人们难以接受慢人一步的差距。但是快节奏的追逐过程往往让人感到疲惫，也容易在追逐的过程中失去自我。虽然大脑一刻不停地在旋转，但各种各样的杂念充斥其间，让人早已忘了自己在追些什么，又是从什么时候开始追逐的……

这个时候，我们应该对自己喊上一句："让生活慢下来!"

当然，在快节奏的生活当中保持自己的"慢"不是一件简单的事，做不好甚至会让自己真正地落后于人，所以这时如何慢就成了一种智慧。当然，这件事简单地想就简单，复杂地想就复杂。只要你能守住自己的本心，那么你自然能够重新把握失控的节奏。

那么，本心又是什么呢？其实就是自己内心深处的价值观。这种价值观就像衡量自己的一把标尺，时刻指导着自己应该守住哪些底线。这种底线和标准就是个人的标签，同时也是赢得最后胜利的砝码。

有一位国王在刚刚登基的时候，外族经常骚扰边境，民怨很大。于是国王就和大臣们商讨解决问题的办法，最终决定使用武力来对抗。

国王在全国范围内发动所有能发动的力量。为了能够找到能力出众的人，国王宣布只要有过人才能的人愿意为国效力，国王会在凯旋的时候重重有赏。

没过多久，就来了三个人，第一个人善于骑术，第二个人善于射术，第三个人则长于谋略。国王对他们的才能非常欣赏，让他们随同军队一起到了边疆。

在战场上，这三个年轻人充分发挥了他们的才能，屡立奇功。不出一个月，边疆的问题得到彻底解决。在大军回到国内的时候，国王要对在战争中立有战功的人进行奖赏。国王对三个年轻人说："你们为国家做出了这么大的贡献，想要什么就尽管说吧。"

第一个年轻人说："我要做大将军，统率军队!"

第二个年轻人说："我要做丞相，治理国家!"

轮到第三个年轻人了，他却说："我的梦想就是有一片自己的牧场，请求您赐予我一群牛羊和一块牧场吧。"

第三个人的回答让所有人都十分诧异，这个从战场上下来的年轻人真的只愿意做一名牧羊人吗？国王没有食言，分别满足了这三个年轻人的欲望。

没过几年，当第三个牧羊人正在牧场上欢快地唱着歌、悠闲地牧羊的时候，曾经的将军和宰相因为企图谋反而被斩首。

人有七宗罪，贪婪便是其一。有些人精于谋划，但却守不住自己的一颗心，当诱惑步步紧逼的时候，便会随着诱惑前进，站的越来越高，而在这个过程中，也会对自己失去正确的判断……这就像是故事中的那两个做高官的年轻人一样。一开始，他们或许只是想报效祖国，但随着成功、利益的到来，他们的杂念也越来越多，最后从英雄成了叛徒。而第三个年轻人呢？他始终如一，守着自己的一颗心，单纯地守着快乐，所以才能一直过着幸福的生活。

当然，在很多人看来，守住本心并不是那么容易的事，毕竟身边有太多太多的人，太多太多的闲言碎语。

一个人在市场上出售鸡蛋，为了能够让行人看得更加清楚，他在一张纸上写着：“新鲜鸡蛋在此出售。”没过多久，鸡蛋摊位前来了一个人，看着他写下的牌子对他说：“我说这位老兄，何必加‘新鲜’两个字呢，难道你想说卖的鸡蛋不新鲜?”他想一想，这个人说的真有道理，于是就把“新鲜”两个字从纸板上涂掉了。

第一个人刚走，又来了一个人对他说：“我说为什么要加‘在此’两个字呢？你不在这里卖，还会在哪儿卖?”他同样觉得这个人说的有道理，便把“在此”涂掉了。

一会儿，一个老太太过来，对他说：“‘销售’二字也是多余的，这些鸡蛋不是卖的，难道会是白送吗?”于是，他把“销售”也擦掉了。

临近中午的时候，又来了一个人，看着卖鸡蛋的人说：“你真是多此一举，大家一看你面前的鸡蛋就知道你是一个卖鸡蛋的，何必费劲写上‘鸡蛋’两个字呢?”事情的结果是，卖鸡蛋的人把所有的字都涂掉了。

很多时候，我们都面临着与卖鸡蛋的人相同的处境，当自己的内心受到各种干扰的时候，能不能守住最初的自己将是对每个人的重大考验。不是自己不愿意守住本心，而是身边的人无时无刻不在干扰自己。

但换个角度想一想，既然你要守住自己，那么别人的想法又与你有何干呢？为了迎合别人而失去自己，真的值得吗？况且每个人的观点都不一样，你不可能去讨好所有的人。你身边的人想得或许过多，但你可以想得简单一些，只做一流的自己，这样总有一天你会发现自己坚守的价值。

一只老鹰不小心将自己的蛋掉到了鸡窝里，恰巧这个时候，母鸡正在孵小鸡。当小鹰从蛋壳里出来的那一天起，它就发现了自己和小伙伴们并不一样，它的羽毛看上去一点也不柔软，总是脏兮兮的感觉；它不会用泥灰为自己洗澡，也不能轻易从土里刨出一只虫子。随着自己身体的快速成长，矮小的鸡棚总是碰到它的头，而小鸡们总是合伙欺负它。

在这样的环境里，小鹰感受不到丝毫的认同感，它对自己的身世感到困惑，对自己的未来感到迷惘。于是，小鹰独自跑到了悬崖边上，想要跳下去结束自己的生命。但是，当它纵身一跃的时候，竟本能地展开了自己的翅膀，飞上了天空。这时的小鹰才发现：自己原来是一只可以在天空翱翔的雄鹰，鸡窝和虫子并不属于它。在天空中的鹰为自己曾经的痛苦惭愧不已。

没有困惑，人就很难愿意去思考。困惑出现了，人们便开始重新审视自己，从而做出对自己有利的选择。事实上，人们之所以困惑，就是因为对自己的定位不够明确，我们发现自己和预期、和环境格格不入，这个时候就可能会说服自己顺应环境进行改变。但这个时候你有守住自己的本心吗？

不要一味在乎环境，不要一味追求速度，不要让各种各样的杂念改变自己，你要认准一个方向，能够简化的问题就不要附加太多内容。明确了方向，你便有了闲适的理由和资本，这时你便能慢慢前行，看尽一路风景。选择一种自己喜欢的方式，做自己喜欢的事，这不正是爱自己的表现吗？

第七课

遗憾，别样的美丽

“人有悲欢离合，月有阴晴圆缺，此事古难全”……苏轼的一首《水调歌头》让人们对悲欢离合充满了无奈，对世事变迁感到了伤感。但事实上，我们之所以会有遗憾，是因为事后我们总会发现自己其实可以有另一种选择，会有更好的做法，因为有了后悔，所以遗憾便产生了。

其实，人生并不可能是完美的，会有很多很多的遗憾，但这些都是人生中不可或缺的风景。因为有了这些缺憾，你的人生才更真实。但有些人总是极力想把一切事情都做到最好，结果不仅难保不会有遗憾，而且还要花费大把的时间、精力，让自己过得疲惫不堪，甚至失去自我。

一位长相清秀靓丽的女孩经朋友介绍相亲，她听朋友说，这个男孩不但才华横溢，而且英俊帅气。约定见面的那天，女孩早早起床，细细打扮，她想让自己能以最美的形象出现在他的面前，给第一次印象多打点分。

临出门时，女孩老是觉得自己不是脸上粉没扑匀，就是眉没描好，数次往返修复，最终出门赶到约定的地点时，男孩已离去。女孩非常恼怒，一边埋怨这个男孩不多等她一会儿，一边自责自己不应耽搁那么长时间。

女孩再次遇到男孩时，男孩身边已有了女朋友，男孩笑着对女孩说：“那天，我应该多等你一会儿。”

其实女孩本没必要画那么长时间的妆，因为男孩喜欢的就是那种清新淡雅，不喜欢浓妆艳抹。为此，女孩时常叹息，但覆水难收，往事难寻，后悔已无益。

人生中经常会遇到许多缘分，不经意间的萍水相逢，却发现也可以给予更多；不经意间的邂逅和错过，也会留下清晰印迹。许多事，想象总比现实更美，相逢如是，离别亦是。女孩因为错过了男孩，因此有了遗憾。男孩呢？虽然他有了女友，但错过了女孩也是一种遗憾，只是他们两人对待这件事的态度截然不同。

女孩总想着挽回，但她深知这是不可能的，所以她只能在回忆中修正自己的种种，可这是没有意义的。人生一世，花也只开一季，重要的过程需要体验，全身心地去体验，而不是身体在动，心还停留在过去。若真是如此，当你身体无法再行动的时候，再想去挽回，却发现为时已晚了。

没有什么是无法割舍的，只要你将一切看得简单些。其实人生就如一场梦，当你梦醒之后会发现什么都是虚无。既然是一场梦，又为什么不能潇洒地看着身边人来人往？而且很多时候，人生也正由于各种遗憾才变得精彩纷呈。

一位左臂残缺的少年去练摔跤，他的教练只教他一个动作，并让他天天重复训练这个动作。

他很是不理解，就问教练何时才能让他学习别的动作。

教练没有正面回答，只说了句：“你先努力把这个动作练好。”

后来，在比赛中，他只用这一招连克数敌，最终获得冠军。

他大惑不解，就跑去请教教练，教练回答：“因为要破这个动作，唯有抓住对方的左臂。”

对手要破这个动作，唯有抓住少年的左臂，而少年是没有左臂的，这意味着他是很难被打败的。遗憾有时也是一种优势，这样的例子还有很多，如断臂的维纳斯之所以流芳万代，不正是因为她的断臂所带来的“缺憾”美；月亮有圆有缺，但也正因为此，它创造出了变幻多端的美丽。

生命就像是一次单程的旅行，需要你义无反顾地向前走，不要遗憾，不要抱怨，因为这是一条单行道。若是遗憾让你心生烦恼，那就学着不再求全责备吧，用别样的心情去看待遗憾，让它以一种别样的美丽开放在我们心里：“一个是太阳，一个是月亮，太阳月亮从不厮守，但谁说它们没有天长地久？”

第八课
一颗有爱的心，一份单纯的快乐

忙碌的我们似乎越来越不快乐了，忧郁和孤独不断充斥着生活。我们为什么会忧郁，为什么会孤独？著名心理学家荣格的观点是：“我的病人中大约1/3都不是真的有病，而是由于他们只爱自己，只在乎自己的所得与所失，对周围的一切表现出冷淡、怠惰、不在乎、无所谓的态度。”

一个没有爱心的人是一个冷漠的人，一个缺少被爱的人则是一个孤独的人。这样的人只能遭遇别人的冷遇，生活也将会是死气沉沉，远离幸福的。

在爱自己的时候，请你也爱他人。用爱心去温暖他人，不但自己不会有损失，而且会有新的收获。因为在正常情况下，给予别人的爱越多，那么从别人那里得到的也就越多。提高自己的爱心修养，可以让我们在繁杂的世间保持一份温暖和感动，同时也是为自己建造一个美丽的心灵家园。

也许你学识渊博，也许你能言善辩，也许你谈吐文雅，可是没有一个人能够脱离整个社会独自存在，每个人都有帮助别人的能力，也有需要他人帮助的时刻。守住自己的一颗爱心，保持一份单纯的快乐，不要让爱心园地荒芜，这样我们才能够让生命的质量得到提升，让成就一番事业变得更加简单。

一个寒冷的夜晚，一对夫妇来到了一间简陋的旅馆里。非常不幸的是，由于糟糕的天气，旅馆里早就已经客满了。“这是我们寻找的第16家旅馆了，这样的鬼天气，每个旅馆都是客满，我们该怎么办呢?”这对老夫妇望着旅店外呼啸的寒风无奈地说。

接待这对夫妇的小伙计看着这对愁眉不展的夫妇，建议说：“如果你们不嫌弃的话，今天晚上就住到我的房间里去吧。我反正也要值班，等我休息的时候随便打个地铺就行了。”夫妻二人也不便再推辞，在第二天离开的时候，他们要求按照正常的价格支付房费，但是小伙计坚决拒绝了。

在临走之时，这对老夫妻开玩笑地说：“以你经营旅店的能力，足够可以当一家五星级酒店的总经理了。”“那敢情好！起码收入多些可以养活我的老母亲。”小伙计随口应道，哈哈一笑，认为这只是这对善良夫妇的祝福之语。

两年后的一天，这个旅店的小伙计收到一封寄自纽约的来信，信中夹有一张往返纽约的双程机票，这封信的邀请人就是当年睡在他床铺上那一对老夫妻。

不谙世事的小伙计来到繁华的大都市纽约，老夫妻把小伙计引到第五大街和三十四街交汇处，指着那儿的一幢摩天大楼说：“这是一座专门为你兴建的五星级宾馆，而总经理的人选在很早以前就已经确定了，那就是你。”

这是一个真实的故事，故事的主人公是著名的奥斯多利亚大饭店的经理乔治·波菲特和他的伯乐威廉先生一家人。

俗话说，“投之以桃，报之以李”。选择今天帮助他人，奉献出自己的一份爱心，给予别人尽可能的方便，坚守自己的爱心或许不会很快就得到回报，但是这种回报往往会在你最需要的时候出现。

当然，爱心是要没有杂念地去付出的，若是给爱心加诸了太多的杂念，爱心便不能再称之为爱心了。只有那些守住自己爱心的人，那些单纯去爱的人，才能让失衡的心态回归正常，让孤独的灵魂得以解脱，在身处困境之时为人放下绳索，在成就大事的时候为人增瓦添砖。

明朝有一个叫邢寄绪的人，他生长在一个叫白涧的小村。邢寄绪自幼喜欢读文识字，但由于家贫中途辍学没有考取功名，然而他却因为爱心活出了不平凡的人生。

一年，邢寄绪的父亲患病卧床，母亲因着急突然失明。邢寄绪昼夜侍奉，尽心伺候，人称至孝。邢寄绪轻财好施，常周济穷困百姓，精医术免费为民医病，曾为一名外乡病人赵赶年付清房租，与其住在一起，为其煮饭煎药，直到病愈。有一个名叫王辂的外地人，因贫病交加无法生活，便把妻子卖到了白涧村。邢寄绪听闻后自己出钱为其赎回了妻子。邢寄绪还先后资助四位孤寡老人和18名无助孩童。

不仅如此，每逢遇上灾年，邢寄绪便慷慨地为县里捐款，还在家门口支起大锅，供穷人吃饭。湖广灾民为了感谢其义举，在其门口写了一个特大的“善”字。另外他还献出自己的田地，为客死异乡的人建立“义冢”。邢寄绪的种种善行备受世人称颂，拔贡陈瑞朴撰“邢寄绪义行记”以记其事。

不管你是否有过体验，能为别人多想一点，多付出一点，总是能够让你看起来更真诚、更善良和宽容，进而把周围的人吸引到你身边，赢得他人的信任与诚意。因为你对其他人的言行都是站在对方角度上考虑的，这样做下去，相信你的人际关系必将少了争吵，多了理解；少了矛盾，多了和谐。

既然如此，何乐而不为呢?

要表达自己的爱心是一件很容易的事，重要的是不要放弃任何表达爱心的机会。例如，给老人让座、搀扶老人过马路、拾金不昧、关爱小孩、义务献血、义务劳动、义务植树、见义勇为、爱护公物、保护环境、倡导文明，等等，都可以去做，只要有心，就可以成为一个有爱心的人……

第九课

对错没标准，快乐就是幸福

在选择面前，我们应该要顺应自己趋利避害的本能，选择让自己感到幸福、快乐的选项。人是为了幸福而活着，不是为了吃苦而活着。如果你能这样单纯地去想，你就能够得到幸福，得到快乐。

有个农夫在自家的院子里挖出了一尊大理石雕像，他不知道这个东西值多少钱，便找到一位艺术品收藏家来鉴定。收藏家看过后，给了农夫一大笔钱，买下了这尊雕像。

农夫拿着钱，心里美滋滋的，他想：“现在我有了这么多钱，可以买下好几块地，还能盖个房子，真是太好了！那个收藏家也太傻了，竟然花这么多钱买一块大石头，真不明白他是怎么想的。”

农夫在发出这些感慨的时候，收藏家一面抚摸着雕像，一面念叨：“这真是稀有的珍品！竟然有人为了钱，出卖这个无价的宝贝，真是愚蠢啊！”

对于农夫来说，雕像毫无价值可言，他所需要的是钱，钱可以让他拥有土地，可以用来盖房子，改善生活，所以得到了收藏家给的一大笔钱之后，农夫觉得他是幸福的。对于收藏家来说，他早已衣食无忧，更加注重的是精神层面的享受，所以他不惜花大笔钱来买一个艺术精品，他觉得这是幸福的。一尊雕像让农夫和收藏家都有了收获，我们无法说出他们究竟谁对谁错，更无法比较出谁更幸福。

世间万象，本来就没有绝对的对与错，生活之路，每个人都有自己的走法，对于价值的定义，也有自己的评判标准，或许大相径庭，或许殊途同归，都没有关系。至于该怎样去完成，那也是自己的选择，其他人没有资格评头论足。人不同，需求也不同，能够各取所需，这就是最大的幸福。

吴娜和李艾同在一家公司任职，两人都已经是30岁出头的大龄女，如今还是孑然一身。李艾的父母和亲戚朋友每次都是热情地给她介绍对象，但没有一个能“功德圆满”的，其中不乏一些青年才俊和富家子弟。

吴娜多次替李艾感到惋惜："错过了这么多好男人，难道真想嫁个穷光蛋呀?"李艾心里有自己的择偶标准，她只图两情相悦，找个知己型的爱人。抱着对感情的这种坚定与执着，上天终于眷顾了她，让她遇到了自己的意中人。他是一名广告策划，虽然没有显赫的家世，但人很勤奋，又很上进，李艾认定他就是自己今生的伴侣。

对于李艾的选择，吴娜不解，她在公司里到处说闲话："他没房没车，也不是本地人，李艾选择了他以后就等着过苦日子吧！这是什么年代了，没有钱寸步难行！我觉得婚姻就是女人命运的转折点，嫁得好以后就轻松了。"

没有不透风的墙，吴娜的这些话早已传到了李艾的耳朵里，可她却装作不知道。李艾心里也明白，在吴娜心里，只要能够过上衣食无忧的生活，那就找到了这辈子的幸福。而吴娜不知道，对于李艾来说找一个真心相爱的人才是幸福，至于房子、车子那都不是必要的条件。

幸福没有固定的模式。有的人认为，幸福就是衣食无忧、安逸平静的生活；有的人认为，幸福就是可以实现自己的梦想，获得成功；还有人认为，幸福就是能拥有甜蜜的爱情，能够有个人为自己分担烦恼，分享快乐……幸福涵盖的内容太多了，包括物质、精神的方方面面，而每个人看重的方面可能有所不同。

我们不是哲学家，没有必要去深究这些问题，我们只要选择适合自己的生活方式，爱着自己，快乐生活，就足够了。

第十课

烦恼无处不在，简单才会不累

生活中，我们常常会遇到这样一类人，他们有着极为发达的计算能力。他们知道哪家副食店的东西便宜，知道哪家的餐厅给的菜量足。我们对这一类的人有一个统一的称呼“会过日子的人”。按理说，这样的人应该生活得比较自在和如意。然而并非如此，生活中这一类人往往生活得很累，也很少有成大事者。究其原因，是因为他们将自己的生活想得太复杂、太烦琐了。

小娟是一位都市白领，不但学历高、收入高，人也长得非常漂亮。在别人的眼中，她的一切都是那样的完美，那么的让人羡慕。

每天上班的时候，她都会用不同的着装风格来打扮自己。每当看到别人羡慕的眼光，听到众多的赞扬时，她心里就会觉得快乐无比，而虚荣心也越发地膨胀。为了让自己看起来更加的光彩夺目，她开始购置名牌皮包、高档化妆品……然而，当周围的赞扬越来越多时，小娟却一天比一天不快乐。

在和朋友的聊天中，小娟也知道自己生活得很累。别人关注的只是她光鲜的外面，从来不会在意她疲惫的内心。她曾经试图让自己的生活变得简单一些，但是她又实在无法舍弃别人的赞誉。由于内心的负担过重，原本很漂亮的她慢慢变得憔悴了很多，对生活也逐渐失去了乐趣，时常唉声叹气，甚至有些悲观厌世了……

当一个人习惯性算计或者说习惯性想太多的时候，生活就会变得异常沉重。而太多的想法像压在心头的一座火山，在累积到一定程度后就很可能伤人伤己。小娟的生活原本可以过得很简单、很快乐，但是由于她把自己的生活折腾得复杂无比，最终内心疲惫不堪，动气伤身。

人生在世并不是为了痛苦才走这一遭的，如果连你都不能爱惜自己，那么你的人生意义何在？所以，没必要想那么多，不如让自己的生活变得简单，这样才能体会到生活的真谛。人人都希望自己能够在生活中收放自如，但这需要智慧才能够实现，这种智慧就是懂得将事情变得简单。

一个哲人准备进行一项实验，他请来一位颇受众人尊重的数学家、一位被业界称为“拥有爱因斯坦头脑”的物理学家，还有一个小学尚未毕业的孩子，然后将他们一起关在一所密闭的房间里。由于房间是密闭的，里面完全漆黑一片，而哲人对这三个人的要求是，用最廉价、最快速的方法把这个房间装满东西。

听到这一要求，数学家迅速找来尺子，开始丈量墙的高度和长度，然后仔细计算房间的体积，又苦苦思索能用怎样最廉价的东西把这间房间填满。物理学家也不甘示弱，他伏到桌上开始画房间的结构图，然后分析哪里是光射最佳的方位，在哪堵墙的哪个位置开扇窗最合适，草图画了一大堆但他还是不能确定。而此时，那个孩子却找来一支蜡烛点燃，黑暗的房间一下子亮了，他快乐地跳起舞来。

同样一个问题，物理学家和数学家皱着眉头迟迟拿不出方案，一个孩子却轻轻松松地解决了。别再苦苦折磨自己，让生活变得简单一点吧。从头绪杂乱的生活中跳出来，从纷繁复杂的事务中走出来，少些计较，多些豁达，让心神安详，也就能够全身心投入到生活中，获得极为丰富精彩的人生。

库莎是一个快乐的百岁老人，她每一天都生活在快乐之中。在她的世界里，似乎从来没有发生过不快乐的事情。当然，这份快乐使她成为朋友圈中最受欢迎的女人，尽管她不够美丽，而且早已满头白发、皱纹横生。

有一次，电视台记者采访库莎："您儿孙满堂，身边又有很多朋友，我看到您每天都很快乐，您的生活中一定事事都如意吧？请问您有什么秘诀吗？"

这时，库莎说了一句话："装聋作哑。"

怎么装聋作哑呢？记者没理解。

库莎接着说："你看，我儿子、孙子、重孙子都有了。有的挺喜欢我的，搂着我脖子，和我说说笑笑。有的孩子淘气，恶作剧地拽我的耳垂，还拽拽我下巴的赘肉，我也挺高兴。有的也烦我，说这个老不死的。我听见好几次了，但我跟没听见一样，爱谁说谁说，不计较，不气恼，自然快乐长寿。"

好一个"不计较，不气恼"！

与其抱怨世界复杂，不如心拥简单。在简单中自得，这种境界甚为可贵。

第六辑

自爱

当我开始真正爱自己，

我远离了一切不健康的东西，

包括不健康的生活、不健康的交往……

这不是自私自利，而是基于幸福之上的生活，

它叫作“自爱”。

第一课

活在对自己的祝福中

“掌声响起来，我心更明白，你的爱将与我同在……”这是广为流传的一首歌。在这首歌当中，人们听到的是一个人对自己的鼓励和祝福，是一个站在舞台上的人内心的剖白。

其实，我们每个人都站在人生的大舞台上。在你走上人生巅峰的时候，台下可能高朋满座，但在你人生的低谷期，可能全场空荡荡。如果真的这样，你要拒绝表演吗？答案应该是否定的。人生不缺少看客，缺少的是优秀的舞者。如果你对人生足够负责，如果你真的爱自己，那么即便台下一个人也没有，你也应该一人分饰两角，演好舞者和观众，给自己鼓励和祝福。

一个阳光暖暖的下午，动物们躺在草地上聊天。

“哎哟，再翻个身晒晒，”熊一边挪动着笨拙的身体，一边说道，“我真羡慕小兔子，它那么灵活，可以在草地上飞速奔跑，跑起来就像一阵风！而我却不行。”

听到熊的赞美，小兔子有些害羞了，它连连摇头，说道：“我最羡慕的是长颈鹿，它站得高，看得远。”

兔子的赞美令长颈鹿意外，但长颈鹿一直羡慕的是小猴子，于是它说：“我羡慕小猴子，它既能爬得像我一样高，也可以在地面奔跑。”

而小猴子却说："刺猬真令我羡慕不已，它浑身都是刺，谁都不敢欺负它。"

刺猬向来胆小，它说："我最羡慕的是熊大伯，它的胆子那么大，力气也大。"

这话令熊十分高兴，它笑了，说道："看来我们都有不同于其他伙伴的地方，是一个与众不同的自己，我们自己都有别人羡慕、称赞的地方。所以，我们应该为自己自豪，应该学会爱自己。"

天地万物，任何事物都有自己独特的价值，每个人都有让别人羡慕的地方，每个人也都有值得爱的地方。所以，无论你是谁，你需要时常做的一件事情就是爱自己。爱自己，就是不羡慕别人的生活，发掘自身的优点，生活在自己的天地里，活在对自己的祝福中，不受外界干扰，干自己的事。

即便鲜花和掌声都不属于你，你也要勇敢地面对这一切。告诉自己，只要努力，一切都会改变。你永远是自己最忠实的观众。

有一位法国少年，他的名字叫皮尔。他从小就喜欢舞蹈，人生最大的梦想就是成为一名优秀的舞蹈演员。可事与愿违，皮尔的家境非常贫寒，家里没有足够的钱提供给皮尔让他去舞蹈学校学习。于是，家里只能送他到一家裁缝店里当学徒工，一方面希望他学到一门能够养活自己的手艺，另一方面也想让他赚点钱好补贴家用。

一心想成为舞蹈家的皮尔非常伤心，但是也只能接受这个事实，只得极不情愿地学习缝纫的基本技能。在当学徒的日子里，皮尔一直很困惑，心里一直非常不甘："难道我的理想就这么夭折了吗？难道就这样一辈子做一个与布料打交道的匠人了吗？"他甚至极端地认为，如果真的要这样痛苦和违心地活一辈子，还不如早早结束自己的生命。

就在这种困惑和痛苦令皮尔内心焦灼的时候，他想起了自己从小就崇拜的著名舞蹈家布德里，于是决定给布德里写一封信。在信中，他阐述了对舞蹈的热爱。在信件的最后，皮尔写道："如果您不肯收我这个徒弟，我只好为艺术献身跳河自尽了。"

很快，布德里给皮尔回了一封信。在这封信里，布德里并没有提及收皮尔做学生的事情，而是讲了一段自己的人生经历。在布德里小时候，他最大的梦想是当一名科学家。同样是因为家境贫寒，他只能跟一个街头艺人过起了卖唱的日子。

在艰难的岁月里，他非常苦闷和困惑，但是，如果面对困惑就此放弃，那么将是一种极其不理智的行为……最后，他说："人生在世，现实与理想总是有一定的距离，正是因为如此，人们面对困难，才会不断去思考，在理想与现实生活的角斗中学会如何生存，才会学会欣赏自己、剖析自己、改变自己。"他告诉皮尔，"一个连自己的生命都不珍惜的人，是不配谈艺术的……"

皮尔看到信件后猛然醒悟到自己的自私和鲁莽，布德里的信件已经打消了他心目中的困惑。后来，他非常努力地学习缝纫技术，努力将做衣服这一件事做到极致。每当遇到困难的时候，他会率先鼓励自己；当有所进步的时候，他也会第一个祝福自己。从23岁那年起，他在巴黎开始了自己的时装事业。很快，这个年轻人便建立了自己的公司和服装品牌，而品牌的名字叫作皮尔·卡丹。

一根青葱有它独特的味道，一棵小草也有一份新绿，一片枯叶也可化作肥料，一粒细沙也可成为建造高楼的材料……每个人都有自己的价值，无论别人怎么看你，你都要对自己不离不弃，相信自己，爱护自己。要知道，爱自己是幸福的前奏。如果一个人连自己都不爱的话，又有什么资格爱别人呢？

生活中，很多人之所以不懂得爱自己，是因为他们的眼睛总是盯着别人最出色的地方，有时即使对方一点也不优秀，他们也会找出一些别人有，而自己没有的优势去欣赏别人，从而忽视了自己的美丽，这样只会让自己更加痛苦罢了。有这样一句话："玫瑰就是玫瑰，莲花就是莲花，只要去看，不要比较。"玫瑰和莲花没有可比之处，无须比较，用心欣赏就能享受到快乐和满足，不是吗？

诚然，也许有些人的确看起来比我们成功，比我们优秀，但我们依然无须心生羡慕之情，以平静之心对待即可。要知道，人生失意无南北，宫殿里也会有悲恸，茅屋里同样也会有笑声。而平时生活中无论是别人展示的，还是我们关注的，总是风光的一面、得意的一面，这正是羡慕别人的盲区。

比如，淹没在鲜花和掌声中的英国王妃戴安娜如果没有魂断天涯，几人知道她与查尔斯王子那场"经典爱情"竟然是那么糟糕；美国前总统里根人前风光无限，名利双收，却备受不孝子的敲诈、虐待，心酸不想而知……

你就是你，别人再美，再优秀，那都是别人。我们要学会爱自己，重视自己，不论自己长得美还是丑，也不论自己活得伟大还是渺小，都要好好地爱自己。无论你是玫瑰还是莲花，不必羡慕别人的美丽，用心地做好自己，你的内心将变得豁达开朗，也终会有花团锦簇、香气四溢的一天。

第二课

惜福养身，健康来自良好的习惯

如何自爱？重要的就是让生活规律起来，做到起居有常。什么是“起居有常”呢？起居主要是指作息，以及日常生活中的各个方面；常，是指有一定的规律。“起居有常”就是要求人们养成良好的生活习惯，遵循科学、合理、规律的日常作息制度。

《黄帝内经》说“食饮有节，起居有常，不妄作劳，故能行与神俱，而尽终其天年，度百岁乃去”，《管子》篇中也说“起居时，饮食节，寒暑适，则身体利而寿命长益”。这两段话的意思都很明确，起居有常，就能健康长寿；起居无常，就会导致体弱多病，未老先衰。

植物到了一定的季节就会开花，动物到了一定周期就要产卵，任何生命活动都受到生物钟的支配，这是不容抗拒的，我们人自然也不会例外。生物钟运转正常，身体就健康、抗衰、延寿；相反，人为地打乱生物钟，人体就会受到一定损害，使健康面临红灯警示，表现为疲劳、低智、疾病、早衰等。

亚历克斯在某一个广告公司做策划，她各方面的才能是毋庸置疑的，而且她的事业心也很强，一心想求得更高的职位。策划部主任明年就退休了，亚历克斯为了更好地表现自己，工作起来更努力了，早上的饭中午吃，中午的饭下午吃。亚历克斯还经常晚上加班，有时还将工作带回家中，甚至通宵达旦地工作。为了补充睡眠，周末睡觉成为亚历克斯的“嗜好”，有时候她还会睡整整一天。

由于长期睡眠不规律，亚历克斯发现自己眼睛周围出现了黑圈，皮肤越来越粗糙了，而且还总是胃疼，疲劳乏力，上班也精力老不集中，打瞌睡、反应慢。结果，亚历克斯的工作效率变得很低，写出来的策划也没什么新意。经理本来一直看好亚历克斯，策划部主任也曾力荐亚历克斯为“接班人”，但现在他们都开始犹豫了……

亚历克斯为什么身体出现诸多不适，工作表现不尽人意？就是因为她一味地拼命工作，经常熬夜，起居和饮食都没有规律所致。因此，养成良好的生活习惯，遵循有规律的生物钟，使其不受干扰和破坏，就成为我们生活中至关重要的一项内容，无疑这也是爱自己的一种最直接的表现。

保护生物钟最有效的方法，就是规律自己的生活，按时作息，平衡饮食，并且常年坚持。具体如何做呢？在此我们简单地介绍一下。

人体生物钟和我们的心情一样，有高潮和低潮之分。处于“高潮期”时，人体力充沛、情绪高昂、思维敏捷。早晨5~6点钟是“高潮期”，为最佳起床时间。而人体生物钟在晚上10~11时出现一次“低潮”，情绪欠佳，体力易感疲劳，所以睡眠的最佳时间应是晚上9~10点。如果晚上11时后还未入睡，那么过了12点就较难入睡了，而且睡眠效果也不太好，早上起来会觉得累。

一般情况下，人体对睡眠的要求是7~9小时，为此你每天最好是保证八小时睡眠。除此之外，要尽量安排一次午睡。经过一上午的辛苦工作，人体能量消耗较多，脑细胞已经处于疲劳状态，如果我们能睡10~30分钟的话，那就能有效使大脑及身体的各个系统得到放松与休息，做到劳逸结合。

人吃饭不只是为了填饱肚子或解馋，主要是为了保证身体的正常发育和健康。一天要吃三餐饭，这是科学的进餐习惯。一般来讲，食物在胃里停留的时间大约是 4~5 小时，两餐的间隔以 4~5 小时比较合适，如果是 5~6 小时基本上也合乎要求。早餐的热量要占全天热量的 30%，中餐占 40%~50%，晚餐占 20%~30%。按照规律进食，一日三餐，餐餐重要，缺一不可。

另外，生命在于运动，适当的运动也是必不可少的。现代人的工作往往有静而不动的特点，最易使人疲惫的莫过于长期不活动。而运动能促进人体的新陈代谢，每天运动一个小时左右，不仅能缓解疲劳、振奋精神，而且提高免疫力、增强体质，使身心处于最佳状态。运动不需要特定的大时间段，利用工作间隙和闲暇时间上下楼梯、慢跑、爬山、游泳、瑜伽以及饭后散步等都是可以的。

你想让工作和生活变得高效起来吗？那么，请按照人体生物钟规律办事吧。最好给自己列出一个计划，每天督促自己落实。开始你可能会有点不习惯，但这样做一段时间后，你就会大受裨益，并且受用一生。

第三课 美好的爱情，经不起无意义的消耗

有时候，一个人一厢情愿地去爱另一个人，至死不渝、不离不弃，以为某一天会打动他的心。可随着时光的流逝，却发现那只是梦中蝴蝶，不管多么美，也都是恍恍惚惚的遥远。有时候，一个人会义无反顾地去挽留另一个人，纵然爱已逝，情已冷，以为拼尽所有力气就能够再拥有，可最终才发现，

爱就像手中的沙子，越是握得紧，越是流得快。

和他在一起的时候，她觉得世间最大的幸福，也不过如此了。男人的一切她都了如指掌，她知道男人的衣服、裤子、鞋子在不同时期的精准尺寸，知道男人喜欢的衣服风格、颜色，知道他最爱的菜肴，知道他喜欢的烟酒牌子，知道他喜欢听的音乐……这一切都深深印在了她的脑海里。

她从没有刻意去记这些，因为有爱，一切都是那么自然而然，仿佛不经意间就刻在心里了，根本用不着费尽心思去记忆。女人容易在爱中迷失自己，可同时她也很敏感，能够感觉到男人最细微的变化。偶尔，她看到男人莫名其妙地对着手机屏幕笑，接听电话也总是躲躲闪闪，偶尔回家已是深夜，这些小小的异常让她感到一丝恐惧，仿佛在预示着爱情即将离她而去。

她是多么害怕失去他啊！为了能够留住他，她对他比从前更好，即便发现了他出轨的证据，也装作不知道。尽管如此，她等来的依旧是那句冰冷冷的“我们分开吧”！

爱的时候，天涯海角她都愿意跟随他。男人带着行李离开家时，她的世界仿佛失去了颜色，她的灵魂和整个世界似乎也跟着他和他的行李一同离开了。此后的日子，她变得沉默寡言，日子也一塌糊涂，工作不顺心，生活不开心，她觉得自己无法再爱了，身边的一切都在与自己背道而行。

不是一切都与自己作对，而是手里还握着爱情那一点残留的痕迹，心里还没有真正地放下。当一份爱已逝去，那么和这份爱有关的一切就应该停止了。要知道，爱情不是一个人的全部，没有爱，生活也应该继续。如果你坚持守着情伤不肯放手，那么连你自己也成了伤害自己的帮凶。

一首名为《Lydia》的歌中唱道："幸福不在远方，开一扇窗许下愿望，你会感受爱，感受恨，感受原谅，生命总不会只充满悲伤。他走了带不走你的天堂，风干后只留下彩虹泪光。他走了你可以把梦留下，总会有个地方等待爱飞翔。"

是的，爱走了，你的天堂还在，这是属于你自己的。如果连你自己都选择伤害，那么最终你一定会为爱而殒命。退一步去想，有谁真的能够陪伴我们一生，从生至死，寸步不离？生命中，总会有人到来，也会有一些离开，很多时候我们都是独来独往的。既然爱过，就算有所收获，这也是生命的一次成长。就像林徽因说的那样："绿萝拂过衣襟，青云打湿诺言。山和水可以两两相忘，日与月可以毫无瓜葛。那时候，只一个人的浮世清欢，一个人的细水长流。"

曾经看过一则日记，那是一个女人在分手写下的心声，字字句句中都透着一种洒脱，一种淡定，一种"自我"的幸福。

现在的我不再等你夜归，要知道你总是找不到钥匙。强迫自己从温暖的被窝里爬出来为你开门，是一件多么不简单的事，尽管我总是很积极主动地为你开门，脸上还带着一丝微笑。我没有必要在床上胡思乱想，想你晚饭后去了哪里逍遥，把自己整得面色憔悴，最终成为一个标准的"黄脸婆"。有时怕不小心睡着了，让你在外面久等，我甚至硬是挺到半夜。

现在的我有了更多的逛街机会，不再问你想吃什么，不用浪费难得的假日等你回家团聚。满大街的衣裙，在我眼睛里突然变得莫名的可爱。只要我喜欢的我就买，我不再听你的"建议"。我喜欢自己挑选的衣服，我喜欢自己光彩照人的样子。

现在的我，"多语症"不治而愈了，变得安静而善解人意。我不再为你乱扔臭袜子而唠叨，不再告诉你酒后驾车的种种可能，更不会在晚饭后打电话催你早回。我已没有管理你的义务和责任。

现在的我变得很理智、很有智慧，朋友见面都说我的状态很好，这让我欣喜若狂。因为有人说女人的智慧和美丽总是并存的。我现在可以大大方方和任何人说话，因为你没有权利责备我又说错话了，害你没面子。

现在的我不会再说你新欢的种种不是，因为我相信，现在的我比她漂亮，比她年轻，比她有魅力。过去和你在一起的时候，我真的很讨厌“黄脸婆”这份工作，综合要求实在太高，既然我业务水平不高，那不如炒自己“鱿鱼”！

现在的我想对你说一声谢谢，谢谢你的离开，让我开始了更精彩的生活！

对于已经无法修补，或是不复存在的东西，自爱的人不会选择过多留恋，他们会向前看，找到重新面对生活、期待幸福、寻找幸福的机会。

或许，过去的一景一物往往都会勾起许多伤心的往事。但过去了就过去了，何必让自己始终活在阴影里呢！你不妨销毁他留下的烙印，删除他的 QQ 号、手机号以及所有跟他有关的东西。暂时的悲伤和难过可以理解，但是不要把大好的时光全都用在伤春悲秋、哀悼过去的恋情上，要一个人静下心来理智地对待这件事，认真反思。如果自己有错，那么改变自己，提醒自己以后不要再犯同样的错误。

人生路上，不是每段感情的结束都注定是一场悲剧，有时它也是另一种美丽的开始。至少，在一个人的日子里，你有机会重新认识自我，重新审视自己的价值，再次塑造自我，就像凤凰涅槃那般，在烈火中获得重生。每个爱自己的人都要懂得，要让事情变得更好，就得先让自己变得更好。

第四课

因为不甘心而去坚持，是错上加错

一个人若真正爱自己，一定要该执着时执着，该放弃时放弃。

下面，我们来看一则故事。

在大西洋中有一种银肤、燕尾、大眼睛的鱼，叫马嘉鱼。由于马嘉鱼长得十分漂亮，不少渔民想捉住它们卖个好价钱。马嘉鱼平时都生活在深海之中，所以不易被人捉到。但到了春夏之交，渔民们却总能轻而易举地捕到马嘉鱼。这是为什么呢？不是渔民们采用了什么高科技捕捞工具，而是马嘉鱼的“固执”害了自己。它们不爱转弯，即便是闯入罗网之中也不会停止向前游。

原来春夏之交时，马嘉鱼会逆流产卵，顺着海潮漂流到浅海。这时候，渔民们会用一个孔目粗疏的竹帘，下端系上铁，放入水中，由两个小艇拖着。马嘉鱼一旦“落网”，只会拼命地向前游，结果一只只便会“前赴后继”地陷入竹帘孔中，帘孔随之也会紧缩。竹帘缩得愈紧，它们就愈被激怒，会更加拼命地往前冲。就这样，马嘉鱼们被牢牢地卡死，最终成群结队地被渔民所捕获。

生活中，你是否因太坚持而让自己过得不快乐，固守一份不尽如人意的感情、一个不适合的职位、一项力不从心的事业等。请注意，一条路走不通却硬往里钻，一味地坚持，刻意地执着，这是一种盲目的固执与任性，有失理智，往往会错上加错。这种时候，我们前行的路也会被自己阻挡。

我们总是渴望着索取和占有，而忽略了放弃。人生最大的悲哀除了轻易放弃了本该有的坚持，就是固执地坚持了本该放弃的东西。事实上，我们的人生不可能什么都得到，我们选择了一些，也就意味着放弃了另外一些。选择让我们得到了人生中许多重要的东西，而放弃则让我们拥有了更多的智慧和力量。

在一期电视闯关节目中，答题者面前有12道题，每答对一题可以获得1000元的奖金。答对一题后，支持人会微笑着问："继续吗?"继续下去可能会成功，也可能会失败，所有的奖金将会归零。答对12道题的人并不多，但是大多数选手依旧选择"继续"，一题一题答下去，当然也拿不到奖金。

这天，一位男选手在答对第九题，赢得9000元的奖金时，主持人问他："继续吗?"这时，男选手看得出来是兴奋的，但他却很冷静地回答："我放弃。"主持人继续问："真的放弃，如果你继续答下去，可能会赢得更多奖金。""不，"年轻人笑着回答说，"人生懂得放弃，才会得到更多。"

全场响起了热烈的掌声。

放弃是一种智慧，它不盲目，不狭隘。

有些时候，你虽然在某件事情上用了很大的努力，但仍不能达到设想的目标，甚至你发现自己处于一个进退两难的地步，所走的路线也许只是一条死胡同。这时候，最明智的办法就是分析一下，这个目标对自己是否合适？如果不合适，不如及时学会放手，重新调整和修正，设立新的目标。

为此，我们应该学一学水的智慧。你看，河流行经之地总有各种的阻隔，高山、峻岭、沟壑、峭壁，但是水到了它们跟前，并不是一味地一头冲过去，而是很快调整方向，避开一道道障碍，重新开创一条路。正因为此，它最终抵达了遥远的大海，也缔造了蜿蜒曲折、百转迂回的自然美。

请相信，越早放弃“旧的奶酪”，你就会越早发现“新的奶酪”。

人生就是选择和放弃的统一体，所谓舍得，有所取就必须要有所弃。

所以，如果我们真的爱自己，就不应该做没有意义的坚持，而应审时度势地做出取舍。比如，放弃那些没有结果的爱情，以免独自饮泣；放弃那些无法胜任的职位，以免心力交瘁……学会了放弃，我们就摆脱了烦恼和纠缠，就走向了生命的开阔之处，也就成就了人生的幸福……

第五课 记住，对你最好的人永远是你自己

在这个世界上，每个人都对未来充满了希望，不过有些人憧憬的未来是自己创造的，而有些人所憧憬的未来是其他人为自己带来的。

人们总有懒惰和贪婪的一面，想要得到幸福，却又不想为之奋斗，总将希望交给命运安排，期待未来某一天天上能够掉下一个大馅饼。这样的事情或许会发生，但没人能够保证。与其浪费光阴等待，还不如自己努力去争取。

上帝只救自救之人，如果你放弃靠自己的权利，就不能责怪上天不给你机会。

一个病人躺在路边，等待着他人的救助。据说，只要能够到圣泉边，用圣泉水洗了身体，就可以痊愈。于是，这15年来，他一直躺在那里，可惜没有一个人愿意帮助他。他心里很难过，抱怨人性自私，抱怨没人可怜他，诅咒那些拒绝帮助他的人。

有一天，上帝出现在那个病人面前，问："你想去圣泉吗？"

病人说："我做梦都想去！可是这里的人太自私了，我怎么求他们，他们都不肯背我去。"

上帝再一次问他："你到底想不想去？"

病人有些恼怒了，说："我当然想去！可是，等我爬到那里的时候，圣泉或许都干涸了！"

上帝生气地吼道："你真是懦夫！为什么要找借口呢？你总是想让别人来背你，为什么你不站起来自己去呢？就算是爬，这15年你也爬到了！"

病人渴望到圣泉洗去身上的疾病，然而15年的时间都没能如愿。他把问题归咎于他人自私，没有人肯帮助自己，却始终没有认识到自己的错误。别人不是你，他们没有理由，更没有义务去努力帮助你解决问题，那么你埋怨别人又从何说起呢？

电影《如果·爱》中有一句台词："记住，对你最好的人永远是你自己。"求人不如求己，关键时刻还是要靠自己，这个浅显的道理人们大概都懂，但并不是每个人都能这样认真地去做。很多事情明明知道该由自己完成，却总是找出千万条理由来欺人与自欺，总渴望别人能给予帮助，却不知自己的快乐要自己寻找，自己的幸福更要靠自己追求。

小艾祛除心病、拯救落魄精神的最好办法就是读书。她习惯把自己的白色小桌搬到有阳光的窗下，在桌上放两束淡雅的百合……摊开一本赏心悦目的杂志或小说，读或不读，起码样子都相当优雅。偶尔看到一两行小耙子似的墨字，梳梳思绪，过不了多久，脑中纷乱的杂思便一散而空了。打开精美的日记本，写下自己的心情，给自己一些鼓励，长舒一口气，一切仿佛都刚刚开始。

景飒与小艾不同，她感到痛苦的时候往往会跑到咖啡屋里“烧饭”。明明是喝咖啡的地方，她偏要跑到那里去吃饭，要知道那里最简单的中式饭也要四五十块钱一份，牛排就更不用说了，再来一杯咖啡之类的饮料，一两百元就没了。所以，小艾把景飒的这种行为叫“烧饭”。

不过，景飒对此有她的见解，她说这叫“把钱用在刀刃上”，辛苦赚钱就是为了让自己过得舒服些，自己不痛快就犒劳一下，没什么不好。如果整天拉着朋友向人诉苦，到头来人家反倒会说：“唉，嫁不出去也活该！谁让你像个怨妇呢”

小艾和景飒都是聪明的女人，她们有自己调节生活压力的方式，自己遇到了苦闷之事没有怨天尤人，更没有苦苦寻求他人的安慰。她们知道真正的痛苦别人无法帮你分担，只能从自己的一个肩膀转移到另一个肩膀。无论是读书，还是去高档餐厅吃饭，至少她们能够通过这些方式重新燃起生活的希望，获得心灵的宁静，自己拯救自己，不是很好吗？这种拯救不必求助于他人，无论何时遭遇苦闷都能给自己安慰。试问，除了自己，谁又能每时每刻陪在你身边，一辈子乐此不疲地听你诉说生活的烦恼呢？

生活就像一盒什锦巧克力，你永远猜不到下一个是什么口味。既然烦恼是生活的一部分，一切都无可避免，那么你就要学会坦然地面对。没有人能够让你依靠一生，人能够依靠一辈子的就只有自己，所以不要期待别人来爱你。自己爱自己，你才会散发出一种光芒，你的生活才会充满爱和阳光。

小蜗牛总是闷闷不乐，它觉得自己的“负担”太重。终于有一天，它忍不住向妈妈抱怨：“我觉得命运太不公平了，为什么我们一生都要背负这个重重的壳呢?”

母亲笑着说：“孩子，我们的身体没有骨骼的支撑，只能爬行，速度又很慢，我们需要这个壳来保护自己。”

小蜗牛还是不理解：“毛毛虫没有骨头，爬得也很慢，但它就不用背负重壳；蚯蚓也和我们一样没有骨头，它也没有壳。”

“毛毛虫没有壳，但它有翅膀，天空能保护它；蚯蚓没有壳，但它会钻土，大地也会保护它。”妈妈给小蜗牛讲述了一番道理，试图宽慰它。可是，小蜗牛听了这番话之后，没有觉得释然，反倒哭了起来。

“我们真是太可怜了！天空和大地都不保护我们，我们该怎么办?”

“孩子，不要哭！我们有壳，不靠天，不靠地，我们只靠自己!”

你眼中看到的未来是什么色彩，你的未来便会涂上什么色彩。不要感慨这个世界不可靠、幸福握不住，首先找找自己的“壳”，发现了自己的可造之处，你也能感受到幸福和安全感，这种自己给予的安全感是无可替代的。

幸福不是别人能给你的，而是自己创造出来的。世界上没有全能的上帝，每个人都是自己的救世主。幸福各有形态，放松一点，看看外面的阳光，享受一下属于自己的美丽人生吧！

第六课

金钱观决定你的后半生

爱自己有很多方面的体现，其中一点就是获得经济上的成功。人要想过幸福的生活，总是离不开金钱的。但经济问题不仅仅靠收入就能解决，你还必须要培养科学的金钱观，用心打理财富。

试想，房子要交贷款、孩子要交学费、双方长辈要赡养费，还有一家人的衣食住行、各路亲戚朋友的份子钱……生活处处需要金钱的支撑，如果你不懂得打理财富，花钱随心所欲，那么财富只能“来得快，去得快”，这样一来很容易就捉襟见肘，随时陷入“财务危机”，令生活苦不堪言。

王美丽在一家服务公司做公关，每月工资3000元，其丈夫月工资5000元，这样的收入在二级城市算是一个小康家庭的水准。但王美丽天生对数字不感兴趣，对于理财一点儿兴趣也没有，而且她还觉得自己根本没有理财的必要。

王美丽追求时尚和美丽，爱逛街。有了钱，她宁愿随心所欲高高兴兴地把它花掉，也不愿精打细算，算算钱应该怎么花，能够花多长时间。一发工资，她就会去逛商场，每次到了月底就捉襟见肘了。而丈夫因为不受王美丽管制，花钱更是肆无忌惮大手大脚，经常与朋友们出去喝酒、唱歌。

这样的消费习惯持续了三年，某一天，王美丽的婆婆突发脑溢血，住进了医院的重症监护室。得知消息后，王美丽夫妇火速赶回老家，虽然婆婆暂时保住了性命，但需要支付一笔高额的医药费。王美丽一算家里哪有多余的钱，最后只好四处借亲戚朋友的钱。至此，王美丽夫妇感慨万千，悔不当初。

看了上面的故事，你忍心把自己搞得这么狼狈吗？不理财，你能承载生活的重压吗？如果你不想，从今天起就做出改变吧。

所谓科学的金钱观，首先是要节俭，即该花的钱花，不该花的钱不花，不浪费财富，哪怕是一分钱。不要以为一分钱就不是钱，财富就是依靠这一分钱、一分钱积攒起来的。俗话说“不因善小而不为，不因恶小而为之”，真正珍视每一分钱的人往往会实现财富的日渐积累，取得事业上的成功。

美国传媒巨头 NBC 副总裁麦卡锡就是一个节约的人，我们来看看关于他的故事。

悉尼奥运会期间有一个新闻发布会，名为“世界传媒与奥运会报道”，参加会议的人都是来自世界各国的记者和知名的国际人士。很显然这是一个严肃的场合，但其间却出现了人们意想不到的一个小插曲——坐在第一排的麦卡锡突然站了起来，然后整个身体钻到桌子底下去了。大家都注意到了，目瞪口呆，满脸疑惑，不知这位体面的大富翁为何在大庭广众之下会做出如此不雅的举动。

发布会暂时停止了下来，正当大家都为此感到窘迫的时候，只见麦卡锡不慌不忙地从桌子底下钻了出来，对一脸疑惑的众人扬了扬手中的雪茄说：“对不起，我的雪茄掉了。我的母亲曾告诉我，要珍惜自己的每一美分，这正是我能够坐在今天这个位置的主要原因。”顿时，全场响起了热烈的掌声。

即使是百万富翁，也懂得节俭，不会随意挥霍自己的钱财。所以，在很多时候你不应该抱怨自己赚钱少，而应该检讨一下自己，平时你是不是不节约、花销大。俗话说“由俭入奢易，由奢入俭难”，人由苦日子转为好日子比较容易适应，而由好日子变成苦日子是难以适应的。因此，要实际地做到节俭这一点，不是嘴上说说那么容易，你需要有坚定的信念，需要有极强的自律。

除了节约之外，金钱观还包括投资。投资是一种开源式的理财观念，即通过对已有的财富进行合理适当的投资，以获取更高收益。这是一种让“钱生钱”的模式，它必然为你赢得更大收益。在当代社会上，已经出现了越来越多人，他们在投资理财方面运筹帷幄，过得更幸福快乐了。

当初刚参加工作时，马杭月薪只有3000元。第一个月他准备了一个小本，随时把日常的花费详细地记下来，即使一杯豆浆、一个鸡蛋也不例外。一个月下来，他知道了自己的具体花销。等到发工资时，他的第一件事就是留足生活费，把30%的工资存成死期，剩下的钱存在另外一个账户，以备不时之需。

三年后，马杭的月薪已经涨到了5000元，手头的资金约7万元。他认为自己所在的公司发展前景不错，便购买所在公司的股份，约5万元，他又用1万元给自己买了一份分红型人身保险。这样又过了两年，马杭从公司拿到了10万元左右的股份分红，获得保险分红3万元。手头的其他资金约合20万元。当时公司附近在建一个楼盘，价格是每平方米三千多元。马杭看中了房子的升值空间，利用积蓄支付了房子的首付。

当然，不要以为马杭只是财富场上的幸运儿，他的优秀吸引了一位同样有能力的优秀女孩，两人喜结良缘，并准备开一家小公司，自己当老板。

这只是一个普通的男孩而已，他用自己的方式打理自己的金钱，享受到了生活的乐趣，也得到了高质量的生活。你为什么不选择这样的生活呢？

第七课

自爱，就是轻松过好每一天

有人说，生活是一杯酒，有辛辣也有甘醇；有人说，生活是一首歌，有高音也有低音；有人说，生活是一条路，有平坦也有泥泞……可见，生活既不像我们想象中那么美好，也不像我们想象中那么糟糕。

既然这样，那就让自己善待生活吧，带着快乐的情绪迎接每一天。善待生活也是善待我们自己，因为我们只有善待生活，感受生活，才能从日复一日的点滴经历中感知生命的多姿多彩。也只有善待生活，生活才会善待我们，否则，生活就会使我们遍体鳞伤，让我们失去活着的意义。

霍尔是个富甲一方的有钱人，经营着养殖、饲料等生意。一天，他到一个小渔村的码头来考察，碰巧发现一个渔夫正好捕鱼归来。霍尔发现渔夫的船舱只装了三分之一左右，他感到好奇，便问渔夫："现在天气还早，你的鱼舱还没满，怎么就回去了呢？"

渔夫回答说："不捕鱼了，回家休息去。"

霍尔心想，可能渔夫捕鱼太辛苦，所以要回去休息吧。不过他还是忍不住问了一句：“你捕这些鱼用了多长时间？”

渔夫回答说：“要不了多长时间，也就一会儿工夫。”

霍尔听了，感到很奇怪，于是接着问：“那你为什么不多捕一会儿，等装满你的船舱再回去呢？那样你才可以卖更多的钱嘛！”

渔夫笑呵呵地回答：“要那么多干吗，这些足够我们一家人生活的啦。”

霍尔感到不解，耸了耸肩问道：“那你那么早就收工回家，剩下那些时间用来干什么呢？”

渔夫仍然笑呵呵地说：“其实我每天的生活就是睡觉睡到自然醒，然后出海打几条鱼，打完鱼回到家后，和我们的孩子们玩上一会儿，吃完午餐后睡个午觉，傍晚的时候再到镇上喝杯酒，和朋友们聊聊天，唱唱歌，然后回家睡觉。我这一天的日子过得可是充实而又忙碌呢。”

“天哪！居然可以这样来打发日子，真是太奢侈了！”习惯了快节奏高效率生活工作的霍尔，哪里接受得了渔夫这种“懒散”的生活方式，禁不住自言自语地说道。

出于生意人的本能，霍尔打算让渔夫“清醒清醒”，不要再这样浪费时间，这简直是在浪费生命！想到这里，霍尔说道：“我是个善于经营的商人，最擅长的事就是挣钱。你如果想挣很多钱、发大财的话，我倒是可以给你提供几个建议。首先，你每天要多花点时间在捕鱼上，尽量多捕些鱼，就可以多卖些钱。这样慢慢积攒起来后，你就有钱去买一条更大更好的船，就可以捕捞到更多的鱼，挣到更多的钱，你就可以再买几条船，组成一个船队，捕捞到更多的鱼，然后直接把鱼卖给加工厂，而不是鱼贩子。这样一来你挣到的就更多，然后就可以自己开个加工厂，自产自销。到时候你就会成为老板、富翁，就可以带着家人离开这个贫穷的小渔村，到城里住别墅，过上富裕的生活。”

听了霍尔如此恢宏而诱人的挣钱计划，渔夫并没有流露出激动的神情，只是淡淡地问道：“如果按照你说的来实施，大概需要多长时间能够实现最终的目标呢？”

霍尔觉得渔夫“上套”了，便得意地说：“不会太久的，也就十年左右吧！”

渔夫点点头，问道：“那我有了那么多钱之后，又会怎么样呢？”

霍尔说：“当你有了足够的钱，你可以选择退休呀！然后到海边买一栋海景别墅，每天睡到自然醒，没事出海捕捕鱼，回家后和孩子们一起玩耍，还可以到小镇上约朋友们胡吃海喝一通。这样的生活才惬意嘛！”

渔夫听后哈哈大笑起来，他说：“你说的这些，不就是我现在生活的样子吗？”

霍尔听后愣了愣神，只好笑了笑，然后离开了。

看完这个故事，我们不能说霍尔的想法有多么不好或者不正确，那只是他对生活的一种追求罢了。而更能引起我们思考的，是渔夫对于生活的态度。他没有过高的奢望，没有对金钱、对名利的急切追求，只是每天在放松与安然中过着悠闲的日子。这样的态度也正是现今大多数人所缺乏的，同时也是值得我们去学习的。

事实上，生活于我们而言最重要的并非是金钱、名利，而是享受生命的过程。现代社会中的我们天天疲于奔命，忙着追求功名利禄。这些让我们忽略了生命本真的单纯和美好，让我们看不到生活中无数美好的小细节和小快乐，看不到人生旅途上存在的那些美丽的风景。最后，我们或许真的追求到了梦想中的财富，也过了一段理想中的生活，但是从一生的时间来看，我们大部分时间都花费在追逐中，真正享受的时间并不多，习惯于紧张的我们也难以享受放松的滋味了。

人生其实是一个边走边看的过程，不管命运怎样安排，我们首先要学会爱自己。在追逐的过程中，要懂得不时停下来看看风景，然后再踏上旅途，不疾不徐地向着目标前进，这样的幸福才叫人生。

多年来，秦峰为了追求事业，一直拼命奔波，用好友的话说“他就像一匹不知疲倦的野马”。凭借着自己的勤奋努力和聪明才智，秦峰的事业日益壮大，渐渐地飞黄腾达起来。可他并没有因此而让自己停歇，依然努力向前，不知疲倦。

一个偶然的机会，秦峰遇到一位老者，这位老者语重心长地说：“孩子，别跑得太快，否则，你会错过路上的好风景！”秦峰知道老人是为自己好，可是这对他来讲根本不现实，他需要用不断的忙碌来解决公司中的问题，使公司获取更大的发展。

就这样，一晃几年过去了，秦峰的事业发展很顺利，让他有了荣誉，有了地位，也有了幸福的家庭。可此时的秦峰却并没有曾经希望的那般快乐，他不知道原因在哪儿。

一天，他和客户进行一个大项目的谈判。谈判很顺利，就在结束的时候，他收到家人发来的短信：他的第三个孩子出生了，是个漂亮的宝贝女儿。

此刻，无限的幸福涌上秦峰的心头，可紧接着又是一股难言的酸涩，因为他想到了这些年三个孩子出生时他都没在妻子身边，而养育孩子的事也都由妻子一人承担了。他也从来没看过孩子们第一次走路、第一次说话、第一天上幼儿园的样子。此时，秦峰想起了当年那位老者对自己说的话。他似乎明白了什么。

秦峰立马告知身旁的秘书，为他订一张回家的机票。他决定回家一趟，陪妻子度过这次“月子”……

虽然我们大多数人没有恢宏的事业可以追寻，但即便是平凡工作的奔波，也让我们如同秦峰一样，总是不知疲倦，总是忽略和家人的团聚，总是忽略本该享受的生活的快乐。好在秦峰最终明白了，除了事业之外，生活中还有更多的美好等着自己去经历。我们是不是也该有如此的彻悟呢？就像那位老者所说的，不要跑得太快，我们要学会欣赏路上的风景。

要知道，在我们的人生中，并非只有目标和理想，也不光有事业和成功，我们生活中的每一天、我们生命旅程的每一步都有值得驻足观望的“风景”。所以，请放松你的心情，放慢你的脚步，去认真体味那些因为忙碌而错过的和可能错过的风景吧，相信它不会让你失望的！

第七辑

/

谦逊

/

当我开始真正爱自己，

我不再总想着要永远正确、不犯错误，

而是时常提醒自己要永不自满，

切忌浮夸自大，与身边的一切友好相处。

这不是退而求其次的妥协，

而是人该有的“谦逊”。

第一课

以人为镜，提升自己

“人非生而知之者”，我们每个人总有这样或那样的不足，有不足不可怕。不会？可以学嘛！可怕的是不敢承认自己不如人之处，不能冷静看待别人的优秀，死抱着脸面，放不下架子，郁郁寡欢，牢骚不断，甚至掩饰自己的缺点和错误，结果反而不利于自己的成长和进步，毁自己的前程。

那么，我们该怎么办才好呢？告诉你，学着坦然地去面对。

现实中我们最不了解的便是自己，人最难认识的就是自己了，人的很多迷惑和苦难都因不自知。想要更好地了解自己，首先就要学会承认自己不如他人，也就是敢于承认自己的不足。承认自己不如人，这不会丢面子，也不会失架子，而是一种有能力、有魄力的表现，也是睿智的象征。

马先生是一位一流的小提琴演奏家，来找他拜师学艺的孩子特别多。他常常说“琴声是最好的教育”。为人指导时，马先生从来不说话。每当学生拉完一曲时，他总是把这一曲再拉一遍。他的琴声真是优美，很多学生从听琴中得到教诲。

一次，马先生收了一位名不见经传的新生。在课堂上，这名新生给大家拉了一首短曲。新生演奏完毕，其他学生都等着老师把这一曲再拉一遍。但是这一次，马先生把琴放在肩上，却久久没有奏响。

过了好一会儿，只见马先生把琴从肩上又拿了下来，站在那沉默着。

看到这情景，学生们不明白发生了什么事，有些惊慌失措。

这时，马先生抬起头来，微笑着说道：“你们知道吗，这名新生拉得太好了。在刚才的一曲上，我觉得自己没有资格指导他，我的琴声对他只能是一种误导，所以今天我不拉琴了，我要好好向他学习一下。”

全体学生静默了片刻，然后爆发出一阵热烈的掌声。

“谦逊”这两个字，我们都知道，但真正能做到的人却不是很多。盛名之下的马先生在大庭广众之下承认自己不如学生，真心地赞美对方，没有担心这样会丢自己的面子、降自己的身份，他在拥有一流琴艺和一流师名的同时，拥有磊落的胸怀和可贵的谦逊值得我们学习。

事实上，那些优秀的人之所以优秀，肯定是有其长处和优势，他们恰恰是一面镜子，可以照出我们自身的缺陷和毛病。那么，我们平时不妨多观察那些比自己优秀的人，客观地评价一下自己和对方，找到不足和差距，然后有针对性地提高自己，这样才能摆脱心灵的苦痛，让自己做得更好。

作为董事长，比尔·盖茨有自己的助理来为自己准备各种讲稿，他只要照着讲就可以了。但每次演讲前，盖茨都会仔细批注并认真地准备和练习讲稿。而且每次演讲完，他都会下来和助理交流，虚心地询问对方：“我今天哪里讲得不好？你在这方面比我有经验，请告诉我，如果是你，你会怎样……”每当助理给出意见时，他还会拿个本子认真地记下来自己哪里做错了，以便下次更正和提高。

有一次，盖茨在公司做演讲时，在众多的喝彩声中，他听到有一个员工说了一句“不好”。盖茨并没有觉得难堪，也没有置之不理。他是怎么对待的呢？下台后，他专门找到了这位员工，恭恭敬敬地说道：“我听到你说不好，想必你有自己独到的高见。在这里，我恭请赐教，期望能够亡羊补牢……”

如果一个人讲面子、摆架子，不敢承认自己的不足，那么这个人肯定不会有什么进步和发展，甚至一事无成。比尔·盖茨如此成功，却还能这么谦逊，放低姿态向下属请教，这真是非常难得的。连盖茨这样成功的人都懂得谦和，知道向身边的人请教，见贤而思齐，我们又有什么理由自负呢？

承认和别人的差距，认识自己的不足，也许的确有一点难为情，但通过向别人学习，将自己打造得越来越优秀，到时候无论你走到哪里，都能引来成功的青睐和追随！这对你而言不是有百利而无一害的好事吗？永远都要记住，成功不看一时看一世，只有笑到最后的人，才能笑得最好。

第二课 高调的实力，低调的外在

《史记·滑稽列传》中有云：“此鸟不飞则已，一飞冲天；不鸣则已，一鸣惊人。”为人做事也应该秉承这样的原则，未到你飞的时候，便要暂时低调，为的是将来飞翔时候的一飞冲天；未到你鸣的时候，便要暂时沉默，为的是将来鸣叫的时候一鸣惊人，这是一种低调的做人姿态。

低调做人，并不意味着能力不足，或降低自己的标准，而是时机未到时的不张扬，是未被认可前的不自夸，是厚积薄发、胸有成竹的一种人生境界。在如此激烈的社会竞争中，只有努力让自己做到隐忍低调，才能在厚积的过程中积蓄力量，在关键的时候，当仁不让，一鸣惊人。

一位在德国留过学的机械专业博士回国找工作。当他顶着这么一个“吓人”的博士头衔前去应聘时，很多招聘单位都不敢录用他，认为他的要求一定会非常高，怕企业以后会留不住他。连连碰壁的他思来想去，决定先放下学位证明，以国内普通大学生的身份再去求职。很快，他就被国内一家机械厂录取。

进入企业后，他从事的是单调乏味的图纸改写员工作。这样的工作，对他来说简直就是大材小用。不过，他仍是做得勤勤恳恳、认认真真。一天，企业从德国进口的一台先进机床出现了毛病，生产出的物件精度始终不达标。而从德国派驻来维修人员这天刚好有事请假。

因厂里任务紧，这台高精度机床万不能停下。正当厂里领导急得团团转时，他站出来说：“让我试试吧!”

很快他就把问题给解决了，原来是机床的刀具修正有了点偏差。

领导这才对他刮目相看，就问他怎么会修这台机床。他这才说出自己在德国留过学。领导这才注意到他的能力，当即便把他从普通图纸改写员岗位，调入了设计部从事设计师工作。

又过了一段时间，领导发现他还是与别人不一样，经常对企业提出一些建设性意见，便对他进行了深入的“质询”。这时，他才拿出他的留德博士学位。

通过这一段时间的接触，领导对他的人品及才能也有了较为全面的了解，毫不犹豫地重用了他，让他进入了企业核心领导层。

放低姿态、低调做人，是为了给工作、给生活留有更大的余地，更多的发展空间，得到更多别人肯定的机会。文中的留德博士正是以这样一种隐忍和低调，赢得后来的成功。不过，这里的前提是你要有足够的能力、足够的内涵，正可谓“高调的实力，低调的外在”。“是金子总会发光的”，人生道路何其漫长，短期内虽然看不出你的能力，但时间一长，这股力量必定显现。

不在得意时轻狂，也不在失意时哀怨，这样的低调是一种谦虚谨慎的生活态度，是一种高境界，一种力量的根源，一种知弱、不卑不亢的精神。同时，也是一种不可或缺的自我保护，而能活到最后的才是真正的强者。

殷商时期有位贵族名叫商容，在当时，他是一名很有学问的人，连著名的教育学家老子都曾拜他为师。

在商容命将垂危之际，老子得到消息赶来见他。老子问：“老师，您还有什么事需再教诲弟子么？”商容挣扎着坐起来，声音喑哑地说：“我的学问，你已全部掌握了。现在我问你，很多人在经过自己故乡时，都要下车步行，这是为什么？”

老子想了想，回答：“大概是他们没有忘记故乡水土的养育之恩吧！”

商容点了点头，又问道：“很多人从古树下经过时，总要低头恭谨而行，却又为何？”

老子低头一思，回答：“他们是敬仰古树的顽强生命力。”

商容笑着点头，又张开嘴让老子看，问道：“你能看到我的舌头么？”

老子有些不解，回答：“可以。”

商容接着又问：“那你能看到我的牙齿么？”

老子回答：“您的牙齿都已落光了呀！”

商容目不转睛地注视着老子，说：“其中的道理，你能明了不？”

老子沉思了一会儿，说了一句：“刚强容易早衰，柔弱却能长存。”

商容赞许地点了点，满地笑着对他这个杰出的学生说："天下道理，尽含其中，你已知晓了……"

坚硬的牙齿象征着刚强，有时候一不小心还会咬着柔弱的舌头，舌头破了还会长好，而牙齿破了，就不能自己修复了。舌头虽然柔弱，但是它的寿命要比牙齿长得多。一时的厉害未必是真的强大，如牙齿般坚硬、锋芒毕露的人往往不及柔韧、低调的人有后劲，这就是以柔克刚的道理。

"地低成海，人低成王"，做人的最高境界也正在于此。

如果你爱自己，那就学着放低姿态吧。纵然可以豪气万千，但不能不可一世；纵然才干超群，也不能目中无人。放低姿态，我们就不会太过自满，以至不愿意面对新的挑战；放低姿态，我们就会睁大双眼满怀好奇地去学习许多知识，探索新的领域；放低姿态，我们就会以真诚的谦卑待人，使大家折服并乐意和我们共事。

第三课 茶杯永远要放在茶壶下面

有一个年轻人非常喜欢丹青，于是跋山涉水，历尽千辛万苦寻找能够教自己的老师，但是结果却不如人意，他始终没有找到令自己满意的老师。

无奈之下，这位年轻人来到了一位智者的面前，将自己的苦闷说了出来。

智者听了年轻人的述说，笑了笑说："难道你在这么多年的时间里，真的没有碰到一个能够给予你知识的老师吗？”“是啊，我感觉那些人都是徒有虚名，我千里迢迢找到他们，也看了他们的画帧，但我感觉他们的画技还不如我呢。”年轻人有点失落又有点高傲地说。

智者点了点头，说道：“我虽然不懂丹青，但是生平也喜欢收藏字画。既然你的画技这么高超，你可否为我留下一幅古朴茶具的墨宝？”年轻人点点头说：“这还不简单吗？笔墨伺候吧。”

说着，年轻人卷起了袖管，寥寥数笔就画出了一个茶壶和一个茶杯：茶壶是倾斜的，里面正有水从茶壶嘴徐徐流出，流到杯子里面。待这幅画完成后，年轻人长舒一口气说道：“您对这幅画满意吗？”

这时候，智者说：“你画得确实很好，但是我感觉应该将茶杯放在茶壶的上面。”

年轻人立刻打断智者的话：“那怎么行啊，哪里有将茶杯放在茶壶上面来倒水的？”

智者淡淡一笑：“其实你也懂这个道理，要想将水倒进茶杯里面，就必须将茶杯放在茶壶的下方。你再想想自己，你想让自己的杯子里面注入丹青高手的香茗，但又将杯子放在茶壶的上方，香茗怎么可能注入你的杯子里呢？年轻人啊，要想吸纳别人身上的智慧，首先要将自己放低，否则你是永远不可能达成自己的目的的。”

听了智者的话，年轻人沉思片刻，终于恍然大悟，谢过智者，便愉快地离开了。

茶杯要想盛满水，就必须要放在茶壶的下面。这个故事告诉我们这样一个道理：每个人都可能是一个茶杯，也可能是一个茶壶。“喝茶”的时候，只有肯将自己的位置放低，虚心好学，才能装进别人的东西；而“倒茶”的时候，只有向下全力倾斜自己，毫不保留地倾己所有，才能将自己的东西倒给别人。

你想扩大自身的“容量”吗？你想成就一番事业吗？那么，在与人交往时，请你首先放低自己的姿态。这是爱自己的重要方式，因为请教别人时，只有谦虚谨慎，才能赢得对方的好感；在学习时，也只有谦虚谨慎，才能学到真正的本事；在处事时，只有学会低头，才有机会将头高昂起来……

人们常说，水往低处流。我们不妨这样去想，水往低处流是为了融入大海，是为了变得更为博大。所以，我们要想取得大的成就，也应该像水一样往低处流！

记住，无论你能力如何，都要时刻抱着谦虚的态度，不在别人的赞扬声中飘飘然，更不能有唯我独尊、舍我其谁的想法。要想获得成功，要想得到别人的尊重，首先就要战胜自负的心理，把自己当成一个“茶杯”，将他人看成“茶壶”，将自己永远置于他人的下方。唯有如此，你才能将自己真正地填满。

第四课
做一朵不显眼的花

显露自己的能力是人性中的一大特点，就像孔雀喜欢炫耀美丽的羽毛一样。但我们再有才干和实力，也要遮掩自己的锋芒，学着内敛一点。

《杨修之死》就是一个非常典型的反面例子。

东汉末年的杨修是个文学家，才思敏捷，博闻强识，是“一代奸雄”曹操的谋士，官居主簿，典领文书，办理事务。但他有一大弱点，就是逞能卖弄，肆意妄为，结果数犯曹操之忌，招来了杀身之祸。

一次，曹操欲建造花园，动工前审阅设计图纸时，他在园门上写了一个“活”字。曹操本是有意和工匠们斗智，而杨修却自作聪明地揭破谜底，还四处张扬说：“这是‘阔’意，丞相嫌园门设计的太大了。”曹操得知后，表面上称赞杨修，但心里却对他的逞能充满嫉恨。

还有一次，为了考考周围文臣武将的才智，曹操在塞北送来的一盒奶酪的盒盖上竖写了“一合酥”三个字。杨修把曹操的“一合酥”给大臣们分吃了，还从容地回答：“盒上明明写着‘一人一口酥’，我等岂敢违丞相之命乎?”苦心导演的一出戏，被杨修戳破了，曹操大为恼火。

建安十九年春，曹操领兵与蜀军交战连吃败仗。进攻，可军事要害处已被蜀军重兵据守；后撤，又怕蜀军嘲讽，动摇军心。吃晚饭时，曹操发现碗中有鸡肋，一时有感于怀，便指着鸡肋说：“我军现处境如是!”士兵们都不知道什么意思，只有杨修开始马上收拾行李，并说：“‘鸡肋’的含义是‘食之无肉，弃之可惜嘛。丞相正是用它来比喻我军现在的处境。凭我的直觉，丞相已考虑好撤军的事了，不如早归。”其他士兵一听觉得有理，纷纷开始整理行装。曹操对杨修恃才放旷早已不快，今见杨修又妄自逞能，忍无可忍，立即以“扰乱军心”为由把杨修给杀了。

杨修恃才傲物，不知道收敛自己，节制自我表现欲，而不顾忌上下尊卑，随心所欲地言行，甚至在两军对垒之时，犯下“扰乱军心”的大错。

曾在一本杂志上看到这样一篇文章：

某一桌子上摆放着两个瓶子，其中一个瓶子装了半瓶子水，另一个瓶子则装了满满一瓶水。半瓶水的瓶子经常自以为是，嚷嚷个不停“我的水多清澈啊”，它一边说一边摇头晃脑，摇得瓶子哗哗作响，还时常会洒出水来。而装满水的瓶子为了保护瓶子里的水不洒出来，面对装了半瓶子的瓶子的挑衅时总是沉默不语，一动不动。一天主人来了，他随手把装了半瓶水的瓶子扔了：“这个瓶子又吵又漏水，要它有什么用呢？”

炫耀的人就像装了半瓶水的瓶子一样，惹人讨厌而不自知。所以，如果你真正想开始爱自己，如果你想避免人生遭受挫折的命运，无论什么时候，都要懂得掩盖自己的锋芒，忍住狂妄之心，收敛你的才华，做一朵不太显眼的花。这样，别人在我们面前才会有面子，才会更加愿意和我们交往。

更何况，山不解释自己的高度，并不影响它耸立云端；海不解释自己的深度，并不影响它容纳百川；地不解释自己的厚度，但没有谁能取代它给养万物的地位。一个人有多少本事，别人都看在眼里，不用自己张扬显示。你应该拥有而不招摇，正如那只装满水的瓶子一样，虽然沉默却内心充实。

一个人有才能是值得佩服的事，如果再能自我克制，做到不炫耀、不张扬、谦恭和气，那么这个人就更值得敬佩了。

艾森豪威尔是一个绝顶聪明之人，否则他无法策划史上最大规模的军事行动诺曼底登陆，也不可能是美国历史上唯一一个当上总统的五星上将，但是他在众人面前总是注意收敛自己的才智。

从总统岗位退休后，艾森豪威尔一直静居于葛底斯堡。有一次，几位年轻有为的将军前来造访，艾森豪威尔和他们天南地北，无所不谈，慢慢谈到越战。其中一位将军谈到兴起，引经据典地说希罗多德在撰文分析伯罗奔尼撒战争时曾说过：“你总不能远离前线28英里，而在后方舒舒服服当个安乐椅大将军吧！”

当访客走了后，一直坐在艾森豪威尔身旁的文书James C. Humes询问上述一句话的典故，怎知艾森豪威尔却摇摇头，说道：“首先，讲这句话的是保卢斯，而非希罗多德；其次，那也不是伯罗奔尼撒战争，而是布匿战争，所以尽管那位将军讲得兴致勃勃，但是他的引经据典是错误的。”

Humes大惑不解，问：“为什么你刚才不当面予以指正呢？”

“为什么要用自己的学识让别人陷入难堪的境地呢？”艾森豪威尔轻轻一笑，说道，“知其可为而为之，是聪明的；知其不可为而为之，则是愚蠢的。我能够取得今天的成就，很大程度是因为懂得恰当地收敛起自己的锋芒。”

那些时刻忙着炫耀自己的人，是否应该看看艾森豪威尔的故事呢？

第五课
寻求帮助绝非低人一等

“一个篱笆三个桩，一个好汉三个帮”，这俗语流传了几百年，其中蕴藏着深厚的道理，即天才也好，超人也罢，一个人的力量是有限的，许多事情不能独立完成。然而，有些人却不愿求助于人，无论大小事都愿意自己担当，甚至认为求人会使自己失去尊严，让别人看不起、瞧不上。

殊不知，明明需要帮助却偏偏绕过别人，偏偏不肯求助于人，所办的事情往往很难取得令人满意的结果。而且，对方还有可能觉得你不信任他，你怕给人家添麻烦是因为怕别人给你添麻烦，甚至认为你清高桀骜，不合群。如此一来，周边的朋友就会慢慢与你疏远，你将举步维艰。

你是无所不能的吗？如果不是，那就不要再考虑面子问题，该求人就求人吧。求人并不是低人一等，更不是贵贱之分，并不丢失颜面，而是一种谦和友善的气度，是维持人际关系最自然的手段。更关键的是，能把自己所能利用的所有人利用起来，使自己少走很多弯路，成功起来也更容易。

例如，日本索尼公司副总裁井深大刚的成功。

井深大刚大学毕业后进入了索尼公司，并有幸被索尼老板盛田昭夫安排在一个重要岗位上，全权负责新产品的研发。井深大刚对自己的能力充满信心，他也很愿意担当此重任，但他有些犹豫，毕竟这是一项异常复杂、艰难的大工程。看到井深大刚的犹豫，盛田昭夫说了一句话："单靠你一个人来研发新产品是不现实的，但我们公司本身是一个团队，如果你能把众人的智慧联合起来就不难办了。"

井深大刚一下子豁然开朗，"对呀，我怎么光想到自己？不是还有二十多位同事吗？我可以求助他们呀！"随后，井深大刚先找到了销售部的同事，请教公司产品销路不畅的原因及打开销路的方法，同事告诉他："我们的磁带录音机之所以不好销，一是太笨重，二是价钱太贵，您最好在轻便和低廉方面多加考虑，"井深大刚点头称是。紧接着，井深大刚又来到技术部，向这里的同事咨询意见，同事告诉他："目前美国已采用晶体管生产技术，不仅大大降低了成本，而且非常轻便。我们建议您在这方面多下功夫。"听到这里，井深大刚大喜。在研制过程中，井深大刚又不断请教生产第一线的工人，与他们展开了合作，共同攻克了一道道技术难关。

1954 年，井深大刚试制出的日本最早的晶体管收音机一举获得成功，而井深大刚本人也被任命为索尼公司的副总裁。

该求人时就求人，这是一种借力而行的智慧。求人和保持自尊并不矛盾，求人办事并不丢失颜面。的确，一个人，一个企业，一个组织，本来就没有什么特别，如果你真的爱自己，如果你想改变近况，变得更优秀、更成功，那就不能过分绷着身板，适时地弯腰并借力，定会收到绝佳的效果。

第六课
鲜花和荣誉，一切都是过去式

我们每个人都在追求成功，成功之时是幸福的时刻，但往往也是最危险之时。因为人性中有这样一种弱点：一旦在某一方面取得了巨大的成功，被各种荣誉、鲜花和掌声包围，心就容易变得浮躁起来，变得飘飘然，甚至忘了自己是谁，以至于做出一些愚蠢的事情。想来，人生遗憾之事，莫过于此。

如果你对此怀疑，我们就来看个故事吧。

你听说过大宇集团吗？这曾是韩国一家最著名的企业。说起大宇集团，就不得不提它的老板金宇中。当年，31 岁的金宇中从 4000 美元做起，从一个普通的出口商做起，由于他有着超乎常人的洞察力，他总是看准时机，先行一步，在短短的十年时间里就使大宇集团变成了总资产超过700亿美元、世界排名第115位的跨国企业，他也因此获得了“韩国最优秀经营人”的称号。接下来，金宇中又先后成功接管了三洲大厦、韩信贸易、东洋证券、五星染织、韩国投资等企业。

面对这样辉煌的成功，金宇中头脑发热了，他变得骄傲自满，独断专行，听不进去任何人的意见。“我们是非常领先的，我们信心百倍”，金宇中改革的步伐慢了下来，一味地依赖原先的制度管理工作。但别忘了，市场竞争的步伐一直没有停止过，其他的企业都在进步，并抢占了不少市场。结果，大宇集团入账的盈余越来越少，甚至一度处于亏损状态。再后来，亚洲金融危机爆发了，大宇集团失去了银行贷款，于1999年8月宣告破产，这是韩国迄今最大的商业破产案。

为什么大宇集团前后的反差会如此之大呢？其中原因是什么呢？说起来也很简单，那就在于金宇中成功之后沾沾自喜了，得意忘形了，长此下去，企业也就理所当然停滞不前，最后导致了破产。这也正验证了，如果被已有的成功所迷惑，变得骄傲自满，不思进取的话，最终将会毁掉自己。

处在胜利的欢呼声中、在成功的凯歌声里，你会怎样做呢？

如果你真正爱自己，越是成功的时候，越要做到谦逊。

在一块土地上，无论曾经盛开过多么灿烂的花朵，结出过多么丰硕的果实，收获完之后都要把地上的一切东西都清走，把它重新翻一遍，然后再种上种子等待来年的丰收。人生也是一样，昨天已经过去了，一切的辉煌，包括所有的鲜花和荣誉都是过去式，我们唯有将它们放下，才有可能收获更多的成功。

初学保龄球的时候，田凯的成绩非常不错，偶尔能碰个满分，有时甚至连续几次都能获得满堂彩。他是别人眼里的“高手”。可随着打球的技巧的不断纯熟，打球经验的不断增多，他却发现很少再能拿到满分了，而且成绩总是差强人意。再一问，身边好几个朋友都有着一样的问题。

这是怎么回事呢？田凯开始时很不能理解，于是他开始观察，后来他发现，初学者时常能够赢得满分，其中的原因不是他们的实力有多强，而是他们没有丰富的经验，也没有纯熟的打球技巧，他们的一切都是开始，所以心态很放松。

后来，田凯开始有意识地卸下了头顶上光环的负担，也尝试怀着玩玩的心态，当比赛是一种训练。结果，他发现这样的比赛不仅是轻松和快乐的，而且成绩非也常不错。

生活中，我们总是说要忘记过去，但大部分我们总是强调那些过去的失败、过去的痛苦等，却很少强调要忘记过去的成功和辉煌。殊不知，忘记过去的失败和痛苦能够让我们振奋，从而信心百倍地向前冲刺；而忘记昔日的成功和辉煌则可以舍弃束缚我们前进脚步的包袱，让自己怀着轻松的心态，站在一个新的起点，不带有任何负担地迈向下一个成功。

得意之时，往往手捧花环、万人簇拥。这时候，保持一个清醒的头脑、冷静理智地看待自己是一件极其困难的事情。而那些性格谦逊之人则多能认识到这些均是微不足道之事，能够保持自制，矜持低调，不事张扬，以冷静的心态看待一切，进而正确地判断局势，做出适宜的言行。

1666年初，艾萨克·牛顿创立了三大运动定律，有人赞誉他是力学之父、力学泰斗。在如此巨大的成就面前，牛顿却没有丝毫的得意忘形、自高自大，他说："我不知道在别人看来，我是什么样的人；但在我自己看来，我不过就像是一个在海边玩耍的孩子，常常为发现一块比寻常更美丽的卵石或贝壳而沾沾自喜，而对于展现在我面前的浩瀚的真理的海洋，却全然不知。"

正是意识到还有浩如烟海的真理尚未了解，牛顿才从不满足地追寻真理，继续埋头于科学之中。孜孜不倦地深思了数年后，他又发现了著名的"万有引力"，甚至还在光学及微积分的研究上取得了历史性的突破，并于1687年将《自然哲学的数学原理》发表于世，为现代科学的发展奠定了基础。鉴于这些特殊的贡献，牛顿得到了国际性的认可，被称为最伟大、最有影响的科学家。

科学无止境，奋斗无止境，从牛顿那些广为人知、意味深长的话语中，我们可以看到这位伟大科学家在成功面前沉着、冷静、谦和、毫不骄傲自大的姿态，这也生动地道出了牛顿为永恒真理而斗争、获得巨大成就的奥秘所在：鲜花和荣誉都是过去式，成功永无止境，唯有努力向前。

贝利是20世纪最伟大的足球明星之一，被喜爱他的人尊为"球王"。他在二十多年的足球生涯中，总共参加过1364场比赛，共踢进1282个球，而且创造了一个队员在一场比赛中射进八个球的纪录。有记者采访他时问："您认为自己哪个球踢得最好？"贝利意味深长地回答："下一个！"

再接再厉吧，还有更大的成功等着你呢。

第八辑

/

完美

/

当我开始真正爱自己，

我不再得过且过地生活，也不再让自己随心所欲。

现在我不断在增值，

美丽、智慧、财富、爱情……

明天的我一定要比今天的好，

这就叫“完美”。

第一课

完美革命，从仪容到服装

初见的一瞬间，一个人的形象就已经定位了。

不用怀疑，有位行为主义心理学家曾做过一个著名实验：他首先将自己打扮成一个衣衫褴褛、不修边幅的人，然后到地铁、商场、公交车站等地方闲游；然后再衣饰整洁、意气风发地走回来，而让助手躲在人群中悄悄调查人们对他的看法。同样一个人，却得到矛盾的结论，前者是恶棍、流氓，后者则是优雅的绅士。

其实，这主要是“第一印象”带来的影响。人际交往中第一次给对方留下的印象就像在一张白纸上画画，美也好，丑也罢，画上了就难以抹去，甚至还会左右人的行为和判断力——人们往往会无缘由地将好感和支持给予第一印象好的人，可能是因为“爱美之心，人皆有之”的缘故吧！

形象是金，形象有价。如此看来，为了获得更多的好感和支持，我们要好好地爱自己一番，可再也不要因为追求舒适而不在意自己的形象了，而要自律地进行自身形象的管理，注意自己在公众面前的形象，注意自己的言谈举止，争取在初见的第一眼就给别人留下深刻而良好的印象。

我们来看看化妆品业的巨头艾斯蒂·劳达的亲身经历，她是最成功的通过改变自己形象成为一代“女王”的范例。

艾斯蒂·劳达出身贫寒，没有受过太多教育。起初，她不过是帮助叔叔推销他所制作的护肤膏，可如今她却是世界化妆品的女王，拥有几十亿美元的化妆品王国。艾斯蒂是依靠什么取得今天的成就呢？很简单，形象。

那时候，艾斯蒂每天走街串巷，希望多卖出一些产品，但效果不是很理想。她想，是不是因为自己卖的东西档次不够？于是，她将产品定位于高档次上，可结果还是一样。当她第N次遭到客户的拒绝后，她终于忍不住问对方："您为什么拒绝购买我的产品呢？是我的推销技巧有问题吗？"客户的回答让艾斯蒂铭记一生："说实话，你的销售技巧很打动人心，而且你的态度非常殷勤，但是你的形象不好。你的形象告诉我，你根本就是一个低档次的人，这让我如何相信你的产品是高档次的？"

知道了自己的失败原因后，艾斯蒂并不难过，她决定重新改造和包装自己，她模仿名门贵妇，无论是穿着打扮还是举手投足，都与她们不相上下。此外，她还注重培养自己的自信，让整个人看上去魅力四射。果然，艾斯蒂的产品销量越来越好，此后好得一发不可收拾。最终她成功建立了自己的化妆品王国。

艾斯蒂的成功源于形象的转变，经过包装她从一个"低档次"的人摇身一变成了贵妇的代言，这两种形象截然相反，后者势必能够给她带来好的生意。

别再怀疑了，也无论你愿意与否，形象的确能够影响一个人的命运，形象好的人就是更容易成功。当然，你的整体形象不仅关系到别人对你的看法，而且还反映了你个人的自我认知。如果你的形象良好，魅力非凡，你会信心百倍，认可自我价值，如此做事将更完美，赢得他人更多的尊重。

苏纳是一家广告公司的市场部经理，她是一个非常有才华、口才极好的女人，但是以前她面对需要唇枪舌剑激烈辩争的对手时，总显得有些底气不足、缺乏信心，办事情也不够利落。“一身单调的灰色职业装以及一头冗长的头发，让我在谈判的关键时刻备感压抑。一遇到强大的对手时，我的自信心一下子就找不到了，有些不知所措的慌张，这真是一件恼人的事情。”苏纳如是说。

一个偶然机会，苏纳认识了一位形象设计师。在设计师的推荐下，苏纳剪掉了留存多年的长发，修剪成了利索的短发，又换上了一身庄重并富有朝气的高档套装。“苏纳缺乏自信，源于先前大众化的外在形象抑制了她更高标准的追求，以及降低了她企业领导人形象的权威度，为此我从苏纳的形象入手，让其形象与其能力、地位相符合，我相信这可以激发苏纳释放被压抑了的潜能。”形象设计师自信地说。

果真，每次苏纳以优雅干练、精神饱满的面貌出现于谈判场上时，她总是能自信地阐述自己的想法，坚持自己的立场，而对手只能屈服在这个气场十足的女强人面前。

英国形象大师罗伯特·庞德说：“这是一个两分钟的世界，你只有一分钟展示给人们你是谁，另一分钟让他们喜欢你。”无论你长得有多普通，从现在开始努力打造自身的形象吧，从仪容到服装都必须讲究整洁大方，并且最好是与个人的性格、职业、年龄及所处的环境相协调，与审美要求完美契合。

第二课

修养，来自对他人的研习

在和别人打交道的时候，我们往往会给对方一些这样的评语：“这个人有素养，让人钦佩。”“这个人谈吐不俗，有教养。”“这人真差劲，连基本的礼貌都不懂……”毋庸置疑，那些素质高、有教养的人，通常会更受尊重和欢迎，而那些缺乏教养的人则会被我们嗤之以鼻，拒之门外。

最近宋科一直忙着相亲，这天他上午约了一个女孩，下午还约了一个。通过一段时间的网上交流，宋科觉得这两位女性都不错，所以决定先见见面再确定选谁。其实在去之前，宋科已经倾向于上午见面的那个女孩了，他看过照片，那是一个很漂亮的女子。宋科按照约定时间到达了约定的咖啡馆，但苦等了一个小时后女子也没来，也没有打电话来解释一下迟到原因。又过了半小时，女子才姗姗来到，不过她仍没解释自己迟到的原因，也没向宋科说一句抱歉的话。宋科看在这是一个美女的份儿上没有计较，然而接下来的一段时间这个一心来娶妻的男人却如坐针毡。只见女子翘起的二郎腿一直抖，说话时她斜看着宋科，还不时地掏耳朵，一会儿又对着服务员大喊大叫：“喂喂，我点的黑森林蛋糕怎么还没上，你们速度快点不行吗?”

由于上午的经历，宋科已经对下午的相亲不抱什么希望了，看到这位女子是那么其貌不扬后他更加失望了。尽管她长得不好看，但是她端庄地坐着，温和地、不紧不慢地和宋科聊着天，而且说话时还会认真地看他的眼睛，这让宋科感受到了一种真诚和尊重。其间一名服务员不小心将咖啡洒在女子的衣服上，她没有气愤地大呼小叫，而是微笑着宽慰服务员“没关系的，我知道你不是故意的”，之后亲自拿纸巾擦拭了一番。这种举止有分寸、善解人意的修养，让宋科感到一切都如沐春风般舒服、惬意，一顿饭吃下来他觉得自己终于找到了命中的那根肋骨。

有一种完美是我们看不见，也摸不着的，它需要用心来感受，这就是人的修养。修养是什么？对我们每一个人来说，修养是思想道德水平、文化修养、交际能力的外在表现，是一种讲文明、懂礼貌的姿态。孔子曾说：“不学礼，无以立。”这句话就是告诫我们，要想有所成就，就必须从学礼开始。

与人交往时，有涵养的人经常会使用礼貌用语，例如“您好、谢谢、请、对不起、没关系”等；他们总是坐得端端正正，站得安安稳稳，不做掏耳朵、挖鼻子、搔痒痒等不雅动作。无论在什么场合，他们都不会由着自己的性子做事，往往善解人意，体贴关照别人，并把握好分寸。

当然，修养并非天生就能具备的，需要我们在成长过程中积极地加以培养和训练，其中最主要的来自对他人的研习。我们知道修养是一种使人舒服、合乎礼仪的行为，所以我们要及时觉察别人的需求，善于利用同理心，懂得换位思考，读懂对方的心思，并做出对方需要的动作，说出对方想听到的话。

比如，当别人不开心的时候，我们若及时地去安慰对方，帮助对方摆脱不开心，这就是一种修养；当别人遇到尴尬的事情时，我们若能及时地帮忙，帮助对方摆脱尴尬处境，这也是一种修养。

亦凡从某一偏僻山村考到了上海一所大学，开学没多久班里就有人组织在某一酒吧举行了一场派对。亦凡中途去了洗手间，可出来却被洗手池的水龙头难住了。这是感应式的水龙头，之前亦凡从未使用过，她对着水龙头先扭后按再提，可就是不见水流出来，她很纳闷：前面的人刚刚明明洗手了，怎么现在没水了呢？因为身后还有其他人等着洗手，亦凡急得额头上冒出了细汗。

这时旁边的一个女孩看出了亦凡的窘境，她客气地对亦凡说道："对不起，我这边的水不大，我能在你这边洗一下手吗？"亦凡点点头，只见这位女孩将双手放在了水龙头下面。两秒钟过后，水自动地流出来了。女孩如此反复洗了几次，对亦凡说了几声"谢谢"后离开了。在对方的"示范"动作下，亦凡立即明白了是怎么回事儿。她也将手放在了水龙头下面，终于洗了手。

这位女孩看出了亦凡的窘迫，她没有直接地说你应该怎么怎么使用水龙头，而是设身处地地照顾亦凡的感受，装作若无其事地做了"示范"动作，让帮助体贴入微、不留痕迹，这样的修养令人欣赏。

俄罗斯作家赫尔岑说过这样一句话："生活里最重要的是有礼貌，它比最高智慧，比一切学识都重要。"的确，有修养的人能极大增强人格魅力，处处散发迷人的气息，处处契机应缘、和谐圆满。为此，如果你想自己的人生完美，就一定要提高自身修养，养成讲文明、懂礼貌的好行为。

第三课
没有不老的容颜，只有不老的气质

席慕蓉有一首诗名为《千年的愿望》：“总希望二十岁的那个月夜，能再回来，再重新活那么一次。然而，商时风，唐时雨，多少枝花，多少个闲情的少女，想她们在玉阶上转回以后，也只能枉然地剪下玫瑰，插入瓶中。”相信每个女人看到这首诗都会动容，不仅为作者清丽的文笔，更为这首诗背后隐喻的心思。

岁月是女人的天敌，哪个女人不渴望留住美好的青春，哪个女人又甘愿让生命之花日渐枯萎？可这是没有办法的事情，即使你害怕，岁月也一样会慢慢地流走，不带一丝一毫怜悯。即使你万分恐惧，每天生活得战战兢兢，也没有一点用处。因为岁月留不住，青春终有一天会消失而去。

美人迟暮，应是人世间最无奈的无奈。不过，有一种女人却不会遭遇这样的尴尬，因为她们拥有气质。气质女人用装扮来美化自己，也用知识提升自己，用思想充实自己。无论在什么样的场合，她们总能以最温婉、最优雅的姿态出现……岁月不仅带不走她们的美，反倒会让她们美得更深邃、更有质感。

在17岁之前，香港女演员赵雅芝并没有想过自己会走上演艺的道路，她和很多年轻的女孩子一样，梦想环游世界。所以，当她知道一个航空公司招聘空姐的时候，这个急于实现梦想的女孩子毫不犹豫地报了名，她成功地成为一名空姐。当首届香港小姐选举在香港无线电台开展的时候，赵雅芝又抓住了机会，她获得了第四名的好成绩，赵雅芝的星路由此开始。她先后出演了《上海滩》、《楚留香》等一系列红遍中国的电视剧，以她优雅的举止和轻盈的身影以及精湛的演技一次次地征服了电视机前的观众。

在出演《新白娘子传奇》的时候，赵雅芝已经38岁了。一个接近40岁的女人依然有着迷倒众生的魅力，那一颦一笑，没有任何做作的痕迹。屏幕上的赵雅芝和生活中的赵雅芝是如此贴切，温柔的举止，优雅的动作，甜美的笑容，让每一个见到她的人都不禁产生一种温暖和亲切的情愫。有人说，赵雅芝是永不凋谢的玫瑰花，不过她的美不仅仅在外表，还有内在的修养和内涵。

多少年来，赵雅芝片刻不停地充实着自己的内心，她总是不断地提升自己的修养，以最优雅的形象出现在大家面前，似乎没有哪一次的出场，她不是恬淡地笑着，从容地讲述着，从来没有在公众面前耍过大牌或者发过脾气。成熟女人所特有的气质和风韵在她身上体现得完美无缺。在接受采访的时候，赵雅芝说："表面的美丽永远不能够算得上真正的美丽，只有提高自己的修养，只有充实自己的人生，才能在时间的雕刻下，显现出深层次的、难以失去的永恒之美。"

没有不老的容颜，只有不老的气质。有气质的女人，她们的人生就像五颜六色的织锦，每一根彩线都七浆七染，独一无二。

这是一种多么值得期待的完美姿态。

你想做一个有气质的完美女人吗？你想，一定很想！哪个女人不想呢？幸运的是，气质如若不是先天带来，也是可以后天培养出来的，其中最有效的一种方法就是读书。"腹有诗书气自华"，这是千年不变的真理。法国大作家罗曼·罗兰也曾直言："书让女人变得聪慧，变得坚韧，变得成熟。使女人懂得包装外表固然重要，而更重要的是心灵的滋润。和书籍生活在一起，永远不会叹息”。

读书可以增长我们的见识，拓展我们的认知领域，使我们将自己的经历化作财富，学到做事的方法，学到应对挫折的秘诀，进而掌控自己的命运和世界，流露出一种岁月历练后的美丽与智慧。读书还可以陶冶性情，使我们心灵变得充实起来，情感更加细腻，举手投足间展现出端庄、自信、大方。

林徽因是民国时期一个集秀气、才气、灵气于一身的气质女子，她的美恰恰是饱读诗书之后才体现出来的。

林徽因出生在书香之家，五岁时，大姑母林泽民成了她的启蒙老师。林泽民是清朝末年的大家闺秀，自小接受私塾教育，诗词歌赋、琴棋书画也算样样精通。她教会了林徽因读书识字，奠定了林徽因的文学修养。林徽因骨子里就带有浓郁的诗味和典雅，那时候幼小的她在家里总是手捧一册册线装书，认真地阅读着书卷里的词句。也许她读不懂其间美好的意象，读不懂那诗意的情怀，读不懂冷暖的故事，但她却从此爱上了书，爱上了淡淡的墨香，爱上了锦词丽句，还有淡雅清愁。

跟随父亲前往英国圣玛莉学院学习时，林徽因经常一个人待在居住的寓所，调一杯咖啡，偎在壁炉旁，读喜欢的书。许多名作家的诗歌、小说、剧本，她都一一阅览，这对于她后来的文字创作奠定了深厚的基础。有时候，她也会加入到父亲的各种应酬中，以女主人的角色接待当时的或将来的精英：著名史学家威尔斯、小说家T.哈代、美女作家K.曼斯菲尔德、新派文学理论家福斯特等人……虽然林徽因年纪不大，素面朝天，但因为知识积累丰富，她出口成章、挥笔立就，给来访客人留下了深刻的印象。

再后来，无论是在沙龙聚会中，还是日常生活中，林徽因依然坚持与书为伴，她的书柜里摆满了国内外的著名书籍，她总是尽最大能力去阅读，知识越来越丰富。和她说话总能使人神清气爽，俗气全无；她那言行举止所流露出的质朴与含蓄混合的文雅之美令人仰慕。而且，无论是近看或是远瞧，她都别有神韵，素洁高雅，虽年近不惑，却浑身充满青春活力。来自书卷气的熏陶，是至纯至上的美，是不因岁月的流逝而褪色的美，这也许就是“腹有诗书气自华”练就的极致吧。

世界因女人的存在而美丽，女人的美写在脸上，写在身上，更写在心上。

别再只顾肤浅地用化妆品和时装装扮自己了，学着修炼自己的内在美吧，真正由内而外得到改变。美丽又知性的气质女人，优雅中透出淡淡的书香，自内而外散发出迷人的魅力，这样的女人想不让人心仪神往都难，这样的女人往往也是世界上最幸福的女人。

第四课 懒惰不能换来轻松

你想完美做事吗？你想有所成就吗？这有一个重要途径是要勤奋，不懒惰。

人难免都会有惰性，在处理事务过程中会有想要停下脚步，偷懒一下的念头出现，当下心里的旁白大多是：“不过就是偷懒一下下，应该没有什么关系吧！”但事实是，偷懒并不能换来轻松，相反我们的情绪会因此陷入负面，负面的情绪又会加重懒惰行为，势必会使待解决事情变得越来越糟糕。

以回复信件为例，你是否发现自己经常在信件的开头写下这样的话："真对不起这么久才给你回信"或者"很抱歉拖了很久才回复"？本来当初接收到邮件时一下子就可以很愉快、很容易做回复，可是当你因偷懒拖延了几天、几星期之后，众多邮件积累在一起，你的思路就会混乱，回复时间变长。

偷懒毫无意义——短暂的逃避之后工作依然要做。是第一时间利索、漂亮地完成任务好，还是经常因为时间过于紧迫，草草交差好，一目了然，很明显前者更容易获得别人的嘉奖、信赖和敬佩。回想一下，你有没有懒惰的时候？比如，本来计划出去慢跑锻炼身体，却犯懒选择躲在被窝里虚度光阴；本该兢兢业业完成一天的工作，却放下了工作，选择在悠闲中度过一天的时光……

如果有，那么你该做出改变了！

一个人能否取得成功，环境、机遇、天赋、学识等外部因素固然重要，但更重要的是自身的勤奋。一分耕耘一分收获，勤奋使平凡变得伟大，使庸人变成豪杰。那些做事完美的人并非没有惰性，但他们能克制自己偷懒的思想，逼着自己肯下苦功夫，最终用勤奋书写下生命的辉煌。

帕格尼尼是意大利小提琴演奏家、作曲家，著名的音乐评论家勃拉兹称帕格尼尼是"操琴弓的魔术师"，歌德评价他"在琴弦上展现了火一样的灵魂"。记者问帕格尼尼："您取得成功的秘诀是什么？"帕格尼尼的回答只有一个字："勤。"这里的"勤"指的就是勤奋，帕格尼尼是以勤奋而闻名的。

帕格尼尼的父亲是一个没受过多少教育的小商人，但他非常喜爱音乐，尤其是小提琴。在帕格尼尼刚满七岁的时候，父亲为他聘请了一位在剧院拉小提琴的老师。在同龄的小伙伴们耽于玩乐时，帕格尼尼要每天早上九点钟开始在家练习拉小提琴，一直到下午五六点钟才结束。年幼的他艳羡小伙伴们能自由玩耍，但他知道要想拉好小提琴必须要勤奋，所以他告诉自己坚决不能偷懒，要继续坚持练习，以至于他就连做梦都在拉琴。就这样，帕格尼尼练就了娴熟的小提琴演奏技法，12岁时他把《卡马尼奥拉》改编成变奏曲并登台演奏，一举成功，轰动了舆论界。

之后，帕格尼尼开始跟着许多不同的老师学习，包括了当时最著名的小提琴家罗拉和指挥家帕埃尔，他依然每天大约用12个小时练习自己的作品。1801年起的五年间他隐居了起来，但他并没有停止创作，先后完成了《威尼斯狂欢节》、《军队奏鸣曲》、《拿破仑奏鸣曲》等六首小提琴曲。功成名就之后，帕格尼尼大可在家享受生活，但他对待事业的勤勉丝毫没有消减，他往来于欧洲各地举行演奏自己作品的音乐会：1828年奥地利维也纳，1831年法国巴黎和英国伦敦，1839年马赛，然后去尼斯。这些演出均引起了世界性的轰动，也奠定了他国际演奏大师的地位。

也许现在的你的确很平凡，但只要你能积极地行动起来，勤奋不懒惰，你就能快速处理眼前的各种事务，使一切变得井然有序起来，进而迅速地朝优秀迈进。逼自己勤奋一点，再过五年你将会感谢今天发狠的自己，那时候“狠”其实就成了一种“爱”，一种对自我负责的无言大爱。

第五课

每日三省，向着完美进发

人无完人这是一个不争的事实，我们每个人都有各种各样的不足之处，但这并不要紧，因为我们可以通过自省变得越来越完美。自省，就是自我反省、自我省察。曾子曰：“吾日三省吾身。为人谋而不忠乎？与朋友交而不信乎？传不习乎?”每日三省，古人尚且能这样，我们更应该如此。

消极地逃避，还是积极地自省，将在很大程度上影响一个人的前途。

夏朝时期，大禹有个儿子叫伯启。伯启自幼身在荣华富贵中，很讲究个人的衣食住行，而认为研习兵书之类的东西太枯燥无味了，是一个十足的“公子哥”。一次，曾经背叛过夏朝的诸侯有扈氏率兵入侵夏朝，夏禹就派伯启作为统帅发兵抵抗。经过几轮残酷的作战后，伯启不幸战败了。

部下们不服气，一致要求负罪再战。伯启却说：“不用再战了。我的地盘不比他们小，兵马也不比他们差，结果我竟然被打败了，这是怎么一回事呢？错一定在我身上，或许是我的品德不如敌方将领，或许是教导军队的方法有错误。从今天起，我得努力找出自身的问题所在，加以改正后再出兵不迟。”

从此以后，伯启一改过去“公子哥”的做派，开始认真研究各类兵书的精髓，尊重任用有贤能的人才，并关心百姓的疾苦生活。就这样，他的城池和军队一天天强大起来，名声和威望也一天天大起来。不过几年，有扈氏得知了这个情况，非但不敢再来侵犯夏朝，还主动地投降于伯启。

这个故事启迪我们，一个善于自我反省、审视自我的人，能真正认识自己的不足，进而通过一定的行动不断完善自己，这样的人一定是远离平庸和愚蠢的。自省，这是增强个人生存实力的一条重要途径，是完美者不可或缺的一种学习力。所以，如果你想提高和完善自我，就一定要做到自省。

如何做到自省呢？很简单，时常反省自己做过的事情，什么是该做的，什么是不该做的。如当感到生气、烦恼、彷徨时，静下来问问心灵，是什么触动了自己："我现在的心态好吗？是否有利于自身发展？""我现在所做的事情，是为了什么？""我追求的目标恰当吗？是否需要约束自己？"

自省是寻找自己的"不完美"，犹如用锋利的手术刀解剖自己，毫无疑问是痛苦的，这也正是人们之所以不敢反省的主要原因。要做到这一点，你就必须以非凡的勇气、强大的心灵力量做后盾。看看那些成功的人，虽然他们自身也并不完美，但他们积极、勇敢，所以他们的人生比别人更辉煌。

梅兰芳是我国著名的四大名旦之一，演绎了京剧的灵魂。可小时候的梅兰芳却被人认为资质太差，天生不是唱戏的料子。父亲早亡后，梅兰芳为了学习戏剧先后拜了几个师父，但那些师父却不愿意收他。"为什么这样对我？"梅兰芳心中郁闷极了，但很快他就冷静了下来，"为什么那些师父不愿意收我呢？"他认真地反省了一番后，得出了如下结论，戏剧最能传神的就是眼睛，但自己偏偏是个近视，两目无神；好的戏曲演员要有"余音绕梁，三日不绝"的好嗓子，但自己的嗓子不响亮；更糟的是，自己脑子反应慢，记东西慢，学东西慢，这更是学戏的障碍。

明白了这些后，梅兰芳决定一一克服这些弱点。为此，他天天练眼神，练得时间久了就泪流不止，非常难受；为了练嗓子，梅兰芳每天早上六点钟就起来吊嗓子；至于脑子反应迟钝，只有死方法，就是反复练、反复唱，梅兰芳给自己下了规定每一句非要练上30遍不可。梅兰芳一点也不肯放松自己，他坚持不懈，一练就是十多年。最终他练就了传神的眼神、悦耳的唱腔、驾轻就熟的戏功，成为享誉世界的戏曲大师。

看到了吧，缺点和不足并不可怕，不能够改变才可怕。每日三省，静下心思考你想要解决的问题，或者是近期一直困扰你的问题，坚持这样做下去，找到自己的缺点或不足，然后不断改正，相信你整个人将实现越来越完美的蜕变。如此，也就再没有什么能阻挡你获得圆满人生了。

在这一方面，美国总统本杰明·富兰克林是一个成功的典范，是我们学习的榜样。

发明了避雷针、老年人用的双焦距透镜，发现了墨西哥湾的海流，参与起草了美国《独立宣言》……富兰克林一生所取得的成就是杰出的。关于自己的成功方法，富兰克林给出的解释是“勤奋”和“我每天反省自己，用13种标准告诫自己要克服缺点，不断地向成功人生努力。”

这13种标准具体如下：

1、节制——食不过饱，饮酒不醉。

2、寡言——言必于人于己有益，避免无益的聊天。

3、生活有序——置物有定位，做事有定时。

4、决心——当做必做，决心要做的事应坚持不懈。

5、俭朴——用钱必须于人或于己有益，换言之，切勿浪费。

6、勤勉——不浪费时间，每时每刻做些有用的事，戒掉一切不必要的行动。

7、诚恳——不欺骗别人，思想要纯洁公正，说话也要如此。

8、公正——不做损人利己的事，不要忘记履行对人有益而又是你应尽的务。

9、避免极端——人若给你应得的处罚，你应当容忍。

10、清洁——身体、衣服和住所力求清洁。

11、镇静——勿因小事或普通的、不可避免的事故而惊惶失措。

12、贞节——克制自己的欲望，珍惜自己的身体，不过于放纵自己。

13、谦虚——仿效耶稣和苏格拉底。

富兰克林将上述13种标准写在了一个笔记本上，并制成一个小册子，他每日都要对着小册子逐条反省自己的行为。通过这种不断的努力，他的个人魅力和个人能力均得到提高，一步步趋于完美。

你羡慕富兰克林的完美人生吗？那么，你能像他一样经常自省吗？

第六课 精益求精，就是接近完美

做事只要做到位就行了，一般人都是这样做的，但是做到位只是一个起码的做事要求，做到极致才算完美。什么叫极致？极致就是做到最好，百分之百的完美。

即使1%的差错也有可能带来100%的问题。这里有一组数据，在美国如果做到99%好的话，那么每年大约会有25077份文件被税务局弄错或弄丢；每天大约将有3056份《华尔街日报》内容残缺不全；每年大约会有11.45万双不成对的鞋被船运走；每天大约会有两架飞机在降落到芝加哥奥哈拉机场时，安全得不到保障；每天大约会有12个新生儿被错交到其他父母手中……

一个真正自爱的人任何时候都不应该满足于做到位，而应该对自己精益求精，杜绝一丝一毫的疏忽，做到100%完美。

前美国国务卿亨利·基辛格就是一个严格要求自己和下属的人，在非常繁忙的情况下，他都坚持把每一项工作做到最好，做到100%才算合格。

一次，一位助理呈递一份计划书给国务卿，并问他的意见。基辛格并没有看计划书，而是问助理："这的确是你所能拟订的最佳计划吗?"助理有些迟疑："这个……我花费了不少工夫……""不过，"基辛格打断了助理的话，"我相信你再努力努力的话，一定会更好。难道你不希望将这份计划做得完美无缺吗?"

助理想了一下，拿起那份计划书走出了办公室。两周后，助理又呈上了自己新的成果。基辛格依然没有看那份计划书，继续问道："这的确是你所能拟订的最佳计划吗?"看着基辛格充满期待的眼神，助理后退了一步，喃喃地说："也许还有一两点可以再改进一下……也许需要再多说明一下……"

这位助理下定决心要拟出一份任何人——包括基辛格都必须承认100%的"完美"计划。他日夜工作三周，甚至有时候就睡在办公室里，终于完稿了！他得意地迈着大步走入基辛格的办公室，将报告呈交给基辛格。当听到那熟悉的问题"这的确是你所能拟订的最佳计划吗"时，他胸有成竹地回答：

"是的，国务卿先生。""很好，"基辛格笑了，"感谢你，这下我有必要好好读读了。"

完美的人生源于对"精"的追求，在这里我们不妨打个形象的比喻，工作就好比烧开水，99℃就是99℃，如果不再持续加温，是永远不能成为滚烫的开水的。而精益求精就是再添一把火，在99℃的基础上再升高1℃，以达到真正沸腾的效果。

是的，以精益求精的精神去做事，把问题弄懂，把技术学精，能力才能得到迅速提高，成为所在领域的行家里手。正如西方的一句著名谚语所说："如果你能够真正制作好一枚针，这应该比制造出粗陋的蒸汽机赚到的钱更多。"

张倩是某著名大学英语专业的一位优秀研究生，毕业后她在英国大使馆做起了接线员。接线员的工作简单而轻松，就是做好电话的收听和处理。接线员工作台上有一个登记着使馆人员联系方式的本子，一有电话打进来时，接线员可以在本子上找到对方需要或想要的电话。但张倩认为翻看本子会浪费对方的时间，于是她开始背诵使馆所有人的名字、电话、工作范围，甚至他们家属的名字。

工作一段时间后，张倩将这些信息都背得滚瓜烂熟。只要一有电话打进来，无论对方有什么复杂的事情，张倩总能在30秒之内帮对方准确找到人，这样的工作效率比其他接线员要高出不少。渐渐地，使馆人员有事要外出时，并不是告诉他们的翻译，而是给张倩打电话，告诉她如果有人来电话请转告哪些事，就连私事有时也委托她通知。张倩逐渐成为大使馆全面负责的留言中心秘书，她受到了使馆所有人的好评。

一年后，张倩被破格升调到外交部，给英国某大报记者处做翻译。该报首席记者是个名气很大的老太太，得过战地勋章、被授过勋爵，本事大，脾气也大。她把前任翻译给赶跑后，刚开始也不要张倩，后来才勉强同意一试。张倩的翻译工作做得很好，除此之外她还精益求精，经常帮助老记者搜索资料、整理文件等。之后，张倩不仅获得了老记者的嘉奖，还一再得到了重用和提拔。

无论是开始的接线员，还是后来的翻译，张倩的工作都不算复杂，而且没有什么新意，但她把工作当成一份事业，对自己精益求精，不仅努力做到了最好，还追求努力做到更好。试问，这样的人怎能不优秀呢？最终，她博得了上级的信赖和重用，也取得了令人羡慕的成就和地位。

你爱自己吗？你希望凡事做到完美吗？你渴望成就自我吗？如果你的答案是肯定的，那就从此刻开始严格要求自己，要完成100%，而绝不只做到99%，努力把工作做到极致。为此，你需要时常问自己："我已经竭尽全力了吗？""我能不能做得更好？"经常这样问自己，将会让你受益匪浅。

第七课

在一起，就是最好的幸福

《诗经·邶风》中有言："死生契阔，与子成说；执子之手，与子偕老。"在这简单而质朴的文字里，你可曾体会到深藏的内蕴？

"执子之手，与子偕老"并非每个人都能说出口的，不是不敢说，是说不起。因为这八个字看起来似乎简单，却蕴涵着深沉的信仰，是在千万人之中、在时间无涯的芳草地上，没有早一步，也没有晚一步，恰巧被我们遇上了的人。不需要太多的言语，有的只是相视如流的默契。能够在一起，就是最好的享受。只需轻轻地一握，就这样牵着对方的手，一直相扶着走向永远。

茫茫人海中，我们与亲密的知心爱人相遇、相知、相契，并且相伴一生，是缘分，也是福分。只有那些在爱情道路上彼此搀扶走了很久的爱侣们才能切身体会到那句人们经常提起的话：两个相爱的人相处得久了，浪漫的激情会被现实的温情所代替；爱情也会变成亲情，曾经甜蜜的爱侣最终会成为至亲的亲人。这并非是说爱情不能持久，更不像有些人所说的“婚姻是爱情的坟墓”。事实上，当爱情蜕变为亲情的时候，爱侣之间的这种亲密感情往往更加坚定，也更加懂得相互理解、彼此鼓励。

可是，虽然知道这种福缘的可贵，很多时候我们却不懂得珍惜和经营。年轻人在初涉爱河时，彼此之间充满了甜言蜜语、海誓山盟。在他们彼此的眼中，对方全身都是优点；即使偶然发现一些缺点，也觉得是可爱而微不足道的。然而，在步入婚姻殿堂之后，曾经的花前月下逐渐被生活琐事所替代，曾经的海誓山盟也逐渐被柴米油盐所更换，于是爱情不再完美，充满了各种问题和抱怨……

相遇容易相爱难，相恋容易相守难，这是任何婚姻都通用的定式。世界上没有两片完全相同的叶子，更何况天南地北走到一起的两个人？两个人走入一个家这本身就是一件难得的事情，两个人能够在一起，就已经是一种完美。所以，我们实在无须去计较生活中那些细枝末节，让原本美满的爱情出现裂缝。

每天晚饭后，小区花园里都会有附近的居民聚在一起跳交际舞。在为数并不太多的舞者中，有一对中年人总能吸引人们的目光。

他们衣着俭朴，甚至可以说有些过时。他们相拥融入那些西装革履、翩翩裙裾之中，显得是那样格格不入。男人个子不高，头发倔强地立着，显出一副掩饰不住的沧桑；女人与男人身高相仿，舞步娴熟，神态自若。如果不是旁边有人悄声议论“你看那个双目失明的女人跳得多好”，几乎没人能猜测出她会是个盲人。

一曲终了，他们相携走到亭榭边稍事休息。舞曲再起，是优雅的中三。女人抬起双手，在空中虚无地寻找着什么，待男人一手搭上她的肩，一手与她相握时，女人平静的脸上浮现出一丝不易察觉的微笑。那一刻，女人脸上堆满了幸福。

后来才得知，那男人是走街串巷收废品的，收入微薄，原本无钱娶妻。女人因为双目失明，无所依从。他与她在某一刻相遇，之后两人相守，各自便都有了依靠。

此后的每个黄昏，都能在小区的花园里看到他们。虽然，在偌大的舞池中，他们的舞姿也许不是最美的，但一定是最幸福的。

对于这对男人和女人而言，幸福的标准是什么呢？他奔波忙碌了一天，赚到十分微薄的生活费。然后，在灶间忙活一阵，端给她一碗粥或是一碗面，捎带一碟素淡的青菜。那一刻，她是幸福的吧？他在走街串巷时想着家里的女人，收工回家时，看到女人靠在门边，含笑向着他回来的方向，鬓边的一缕秀发在清风中稍显凌乱。那一刻，他是幸福的吧？晚饭后，他牵起她的手说，走，我们跳舞去。那一刻，他们都是幸福的吧？

其实，幸福的答案千千万。当女人再次信任地把手伸向男人，之后，他们执手滑入舞池，翩翩起舞而相对无言，共同舞动出今生今世的默契和平淡的幸福时，我们便知道，那句简单的“执子之手，与子偕老”便是最好的享受。

真的爱上一个人的时候，就会懂得，真爱就是能够在一起，便好，彼此能给予对方快乐和安心，彼此能给予对方理解与信任。这种相依相守的婚姻经受住了现实生活的考验，爱便显得如此真切、如此深沉。没有过多的要求，只是简简单单地陪在你身边，一直陪下去，至终老。

看过这样一个感人肺腑的故事，令人印象深刻。

幼儿园时，在一次“过家家”的角色扮演中，我说我爱你。你从低着头认真地完成手里的“家务活”到抬起头，眨着水晶般的大眼睛，疑惑地问：“什么意思啊?”

初中毕业那年暑假，我骑着单车带着你去公园划船。湖面上，我说我爱你。你的脸瞬间映上了一团火烧云，把头深深埋进胸前，摆弄着衣襟，好像在笑。

大二那年的春节，当新年的钟声敲响时，我把你叫下楼，对你说我爱你。你把头靠在我的肩上，紧紧地挽住我的手臂，恐怕下一秒我会消失似的。

工作了一年后，当早晨你临出门前，我把年终奖拿给你时，我说我爱你。你把早餐放在桌上，跑过来刮了一下我的鼻子说：“知道了。懒虫，该起床了!”

30岁那年，我说我爱你。你笑着说：“你呀！要是真的爱我，就别下了班到处跑。还有，别再忘了我叫你买的菜!”

孩子中考那年，某天晚饭后，看着你每天疲惫的身影，我说我爱你。你边收拾碗筷边面无表情地嘟囔着：“行了，行了，快去帮孩子复习功课去吧！”

儿子去大学报到离开家的那天晚上，我说我爱你。你打着毛线，头也不抬：“真的？你心里是不是巴不得我早点儿死掉？”

在全家人为你过60岁大寿时，我说我爱你。你笑着捶了我一拳：“死老头子！孙子都这么大了，还贫嘴！”然后就咯咯咯地笑个不停。

70岁时，我们坐在摇椅上，戴着老花镜，欣赏着50年前我给你的情书，我们已经布满皱纹的手又握在了一起。那时候，我说我爱你。你深情地望着我，我看到你那已经皱纹满面的脸依旧那么美丽，炉子上的开水咕嘟咕嘟地冒烟，温馨的暖意充满了整个屋子……

80岁时，你说你爱我。我什么也没说，但那是我人生最快乐的日子。我流泪了，因为你终于对我说出了那句“我—爱—你”。

90岁时，我们在一起，一同向对方说我爱你。今生最大的享受就是能够牵着你的手，幸福地陪你走完这一生。

年年岁岁花相似，岁岁年年人不同。能守住属于自己的一份简单而平淡的生活，就已经是一个幸福的人了。“执子之手，与子偕老”，在平淡和琐碎的日子里，保持一颗简单如初的心，与自己的知心爱人牵手一生，彼此支持，彼此鼓励。如此，眼下的每一刻都是完美的，都将如一生般永恒。

第九辑

／

心智

／

当我开始真正爱自己，

才明白，理性和感性没有孰轻孰重，

只有它们结合在一起，

才能让我拥有一个健全的人生。

而这两者的结合，便是“心智”。

第一课

世事如棋，智者千虑

法国雕塑家罗丹有一个著名作品《思想者》，艺术家用青铜塑造出一个成熟、刚健、内敛的男性，他用手托住腮，眉头紧皱，垂下头颅，四肢弯曲，似乎被什么未知的压力所压迫着。但是，人们看到的并不是一个被难题压垮的人，而是一种内在能量的聚集。男人在思考，思考的同时，他的表情、他的四肢都在为某种思想聚拢着，都在展示着一种力量。这种力量，就是思考的力量，是人在面对难题与困境时自然而然产生的力量。

思考能为人带来智慧，带来改变命运的力量。人们忙着生存，忙着生活，忙着享受，忘记停下来想一想为什么生存、该如何生活、自己究竟需要什么样的享受。越来越多的人忽视思考，甚至把思考当作空想，认为思考不如做事。他们武断地把行动和思考对立起来，导致行动没有计划，目的混乱，没有持续的能力。即使如此，他们也不认为是思维方式出了问题。

你也是这样吗？你想过这样做的结果吗？

美国社会学家针对“心灵脆弱”这个课题进行了一系列的社会调查，他们的切入点是社会上弥漫的消极情绪，包括中产阶级的迷茫。校园里层出不穷的暴力事件、不断攀升的自杀率，等等，课题组的负责人认为这都是人类心理脆弱的表现。

普遍的社会现象必然有其内在原因，负责人最想询问的问题是：“当你在无所事事、嗑药、杀人……之前，你想到的是什么?”受访者的回答是一致的：“我什么也没想。”

这个调查似乎走入了死胡同，也似乎得到了结论：导致现代人对生命倦怠麻木的原因是他们不愿意去思考，不论是思考自身，思考人与自然、人与他人的关系，还是思考自己的未来，现代人越来越不愿意相信思考的力量。西方学者们从古至今不断推崇的思考习惯被越来越多的人忽视，也许，这才是精神危机的关键所在……

没有思考的行动常常是鲁莽的、失败的，没有慎重的思考，就考虑不到可能遇见的问题，更想不到解决问题的办法。凡事凭直觉，凭意气，那么做任何事都像是拿着自己的人生当筹码赌博，赢的概率可能占不到一成。有些人天生运气好，靠着直觉闯过一个又一个难关。但也不要为此沾沾自喜，好运气有用尽的一天。霉运来了，你没有应对的能力，没有承受的心理，你的苦日子也就开始了。

没有思考的头脑和心灵都是贫瘠的，因为太过缺乏条理，缺乏归纳和举一反三的能力，缺乏包容性和承受力。于是，遇到困难的时候，头脑是僵硬的，心灵是恐惧的；遇到顺境的时候，头脑总算有了短暂的休息期，却想不到如何维持这个境遇，心灵是得意的，却不知警惕自己不要被胜利冲昏头脑；更多的时候，头脑是空的，心灵也是空的，因为里面没有多少内容，不会去想，也就没有多少情感和计划。

人应该要为自己打算，这才是获得幸福的正确方法。如果你爱自己，那么不要傻傻地将人生交给命运去安排，应好好思考自己的未来。眼界有多大，你的世界才有多大。若是放弃去思考，就等于活在一个自己的世界里，那么你无异于捂上了自己的眼睛和耳朵，过着自以为幸福的生活。

一个十几岁的孩子正在山里放羊，一位旅行者问他：“去年我来这里的时候，就看到你在放羊，你有没有想过为什么放羊?”小孩说：“妈妈让我放羊我就放羊。”

旅行者说：“那你为什么不想想自己到底喜不喜欢放羊？你上过学吗？你去过山外吗？你想不想去看看别人怎么生活?”孩子困惑地摇了摇头，根本听不懂旅行者在说什么。

旅行者只好换了一种更加通俗易懂的说法：“你想不想吃到更好吃的东西？想不想穿更漂亮的衣服？想不想有更多玩具?”孩子说：“我妈妈做的羊肉泡饼最好吃。过年的时候，我就有新衣服。玩具？我们经常玩磨石子，还有比它更好玩的东西吗?”

旅游者哑口无言，他想，这个孩子回家后，也许会对他的父母说：“今天我碰到了一个特别奇怪的人，他竟然问我为什么要放羊！还说世界上有比羊肉泡饼更好吃的东西!”想到这里，旅游者一阵悲哀，再也说不出话来。

封闭的心灵环境产生不出任何灵感的火花，当一个人习惯一成不变的生活，并形成一种思维定势，认为生活必然如此、生活必须如此的时候，他已经封闭了自我，满足于现状。他只会像放羊的小孩那样，在羊丢了的时候想想羊去了哪里，剪羊毛的时候想想买什么样的工具——大脑的用处仅止于此。

幸福不是一成不变的常态，人生需要去探索，幸福需要去追寻，享受眼下的生活固然重要，但这并不意味着你幸福的终点就在眼前。你若是放弃了思考的能力，无异于放弃了一马平川的未来，放弃了远处的高山与河流，放弃了一个辉煌灿烂的人生!

有些人认为思考是对自己的一种虐待，所以放弃思考，实际上这不过是人们懒惰的借口。真正爱自己的人会为自己规划将来，而不是放任自己懒惰。不要被命运所控制，选择将主导权放在自己手中，依靠自己的思考，为自己规划未来，才能真正掌握大智慧，过上幸福的生活。

第二课 钻石与石墨，排列不同，价值就不同

由因及果的分析推理，凡事用事实说话，这是我们大多数人的思维模式。但一个人若真想有所作为，就不能单靠理性的思维，还必须善用形象思维。形象思维比逻辑思维高级，这是一种不受时间、空间限制，可以发挥很大的主观能动性，借助想象、联想，甚至幻想、虚构来进行创造的思维过程。

问你一个问题，你喜欢钻石还是石墨？相信在很多人看来这是一个愚笨的问题，因为钻石光彩夺目、闪烁耀眼，价格昂贵，可使拥有者光芒四射，谁不喜欢；而石墨黑不溜秋的，不值钱，顶多在冶金、化工等方面有实用性罢了。但你知道吗？钻石与石墨在本质上其实是一样的，只不过分子排列不同。

一位物理学家与一个女孩热恋，并准备求婚。他会送什么呢？女友一直猜个不停，想到自己曾多次说过喜欢钻石，她的心怦怦直跳：“他会满足我的心愿，送我一粒钻石吗？”等再次约会的时候，女友满心期望，但物理学家

却将一块黑乎乎的石墨递了过来："亲爱的，送你一块大钻石，请嫁给我吧。"

这怎么可能是钻石？女友的鼻子都差点气歪了，但那位物理学家却一本正经地说道："钻石与石墨是同一样物质。"钻石是世界上最坚硬、昂贵的东西，而石墨既柔软又便宜，两者怎么可能一样呢？女友为此大发脾气，而且一定让物理学家买一粒又大又亮的钻石才肯答应嫁给他。

那位物理学家错了吗？其实并没有错，因为超级坚硬的钻石与超级柔软的石墨真的是同一种物质——碳所构成的。其中的奥秘就在于分子排列方式的差异。当碳分子都以某一种方式排列组合起来就会形成石墨，但如果先把石墨变成分子，然后再以另一种方式排列组合起来，就会形成钻石。

这就启示我们，只要能让脑子动起来，努力地去深思，创造性便可以得到发挥。

这听起来似乎很难懂，我们举例说明一下吧。

齐王和田忌赛马，规定每个人从自己的上、中、下三等马中各选一匹来比试，一共比试三个回合，并约定每个回合获胜可获奖金1000两黄金，奖金由失败方支付。当时，齐王的每一等次的马比田忌同样等次的马略胜一筹。如果田忌用自己的上等马与齐王的上等马比，用自己的中等马与齐王的中等马比，用自己的下等马与齐王的下等马比，则田忌要输三次，因而要输3000两黄金。

3000两黄金不是个小数目，田忌当然不想输给齐王，结果他真的如愿了。这是怎么回事呢？原来，在赛马之前，田忌的谋士孙膑给他出了一个主意，对上、中、下三等马排序，下等马去与齐王的上等马比，用上等马与齐王的中等马比，用中等马与齐王的下等马比。田忌的下等马当然会输，但是上等马和中等马都赢了。因而，田忌不仅没有输掉3000两黄金，还赢了1000两黄金。

田忌赛马的故事就说明了排序的重要性，从这个事例中也可以看出，对信息有效地整合，可以使我们摆脱思维的瓶颈，透彻地发现问题的本质，从而想出更好的解决办法，让看似难以逾越的问题迎刃而解，让看似难以完成的工作顺利进行。这样的思维模式令人拍手称绝，对我们是一个很好的启迪。

“写不出好企划书”、“想不出好点子”、“很难做出成效卓然的简报”……工作中，我们经常会遇到这种情况，怎么办呢？抱怨是解决不了任何问题的，为什么不试着重新排列目前手边的资料呢？重新组合眼前的事物，从各种角度去观察，如此一来，工作的精确度和效率将有天壤之别。

大学毕业后，李·艾柯卡在美国福特汽车公司做起了销售工作，并且主要销售一款1956年型的新车。前几个月，艾柯卡的销售情况很糟糕，总是同事之中垫底的，他为此情绪低落。这款新车外形和功能都很好，为什么就卖不出呢？通过调查了解，艾柯卡得知问题在价钱上，虽然其他方面很吸引人，但价钱太贵了，所以几乎无人问津。降低车价吗？这不是自己能做主的，而且也不是提高卖车提成的好办法。怎么办呢？有什么办法可以在不降低车价的前提下，让这款汽车显得便宜起来呢？

艾柯卡开始了冥思苦想，一天他突然想道：“既然一次性支付车款会给客户们形成较大的经济压力，为什么不尝试下分期支付呢。”他快速来到经理办公室，提出了自己的销售方案，即只要先付20%的车款，其余部分每月付56美元，三年付清，这样一般人都负担得起。经理觉得这个方法很棒，当即推出“花56元买一辆56型福特”的广告。

“花 56 元买一辆 56 型福特”的做法打消了人们对车价的顾虑，还给人们以“每个月才花 56 元，实在是太合算了”的印象。接下来短短三个月中，艾柯卡的销售业绩火箭般直线上升。其他销售员见此纷纷仿照此法，结果该款汽车销售量一跃成为全国冠军，年销量更是高达 7.5 万辆。艾柯卡因此名声大振，不久被公司提拔为华盛顿特区的销售经理，奠定了自己的成功地位。

李·艾柯卡是一个非常有智慧的人，他将一次性支付车款改为分期支付，“花 56 元买一辆 56 型福特”，这就是一种全新的排序。这个方法你能想到吗？看到这里，你可能会有疑问了？我真的可以吗？告诉你，答案是肯定的，因为我们的大脑拥有无限的潜能，只是大多数人不知道该如何思考罢了。

不要再拘泥于固有的观念，不妨试着培养发散思维吧。发散思维又称“多向思维”、“辐射思维”，是指倘若一个问题可能有多种答案，那就以这个问题为中心，思考的方向任意向各处散发，就像车轮的辐条一样。也就是我们常说的，多换几个角度想一想，凡事多问几个为什么。

问你一个问题，砖头有多少种用途呢？你能想起的答案有什么？造房子、砌院墙、铺路、钉钉子、当武器打人、磨刀、垫东西或压东西……能想出的答案越多越好，经常这样去思考。也许，你的经验不是最丰富的，技术不是最熟练的，但这种思考能够让大脑更顺畅，为你的发展提速。

第三课

根基不稳，才会摇摆不定

人生的道路是很漫长的，总会出现意料之外的事情，扰乱我们前进的脚步，但重要的是我们要有一个自己的目标。

做事时漫无目的，只是为了做事而做事，为了填充心中的空虚和恐慌而忙碌，这样的人在面临多种选择的时候往往摇摆不定，容易东一锤子西一棒子，碌碌无为；一旦风云四起之时，又会太早地放弃。到头来，时间过去了，精力付出了，却没有得到很好的效果，蹉跎了岁月，虚度了人生。

我们来看这样一个小故事。

一个年轻人声称自己看破了红尘，决定在一家寺庙剃度为僧，皈依佛门。但仅仅过了一个星期，他就受不了寺院生活的单调乏味，还俗去了。一个月后他又来到了寺庙，一把鼻涕一把泪地要求重入佛门。住持心生慈悲，就答应了。三个月后，他又嚷嚷说佛门冷清留不住人，又一次开溜。

年轻人如此这般地折腾了好几次，住持不知该怎么办才好了，因为留与不留都是烦恼。忽然他想到了一个妙计，对年轻人说："这样好了，你不如在寺院门口开个茶馆，做个不染红尘的还俗和尚。"年轻人听了很是高兴，还真的在寺院门口开了个茶馆。当然，他也没领会到佛门真经。

这位年轻人不堪红尘的烦扰，又不堪忍受冷清的寺院生活，心如此没有定力怎能悟到佛道的深奥。住持也实在是高明，像这种摇摆不定的人也只能安排他做一些半拉子的事情。

根基不稳，目标不定，人才会摇摆不定。

如果你真的爱自己，要有一个目标才行。大哲学家亚里士多德说过："明白自己一生在追求什么目标非常重要，因为那就像弓箭手瞄准箭靶，我们会更有机会得到自己想要的东西。"的确，给自己设立一个目标，就如同找到了一个看得见的"靶子"，而不至于迷失自己的方向，进而主宰自己的命运。

的确，只有在心中先有一个明确的目标，一切才会变得简单、明晰，做事的时候才不会被各种条件和现象所迷惑，才能获得一颗沉静如水的心灵，才不会在变幻莫测之时，紧张无措，落荒而逃。排除一切杂念，坚持不懈地去实践你的目标，那么就没有穿不过的风雨、涉不过的险途。

美国纽约大都会街区铁路公司的总裁弗兰克就是循着这条途径取得成功的。

由于家境贫困，13 岁的少年弗兰克没有上过几天学便提早进入了社会，他要求自己一定要有所作为。那时候，他的人生目标是当上纽约大都会街区铁路公司的总裁。很显然，对于少年弗兰克而言，这是一个很难实现的目标。不过，为了这个目标，弗兰克从 15 岁开始就与一伙人一起为城市运送冰块。他不断地利用闲暇时间学习，并想方设法向铁路行业靠拢。18 岁那年，经人介绍，他进入了铁路行业，在长岛铁路公司的夜行货车上当一名装卸工。尽管每天又苦又累，但弗兰克始终认真积极地对待自己的工作，他也因此受到赏识，被安排到纽约大都会街区铁路公司干铁路扳道工的工作。

弗兰克感觉到自己正在向铁路公司总裁的职位迈进。在这里，他依然勤奋工作，加班加点，并利用空闲帮主管做一些统计工作，关于火车的赢利与支出、发动机耗量与运转情况、货物与旅客的数量等。“不知道有多少次，我不得不工作到午夜十一二点。做了这些工作后，我已经对这一行业所有部门的情况了如指掌。”弗兰克回忆说。但是，扳道员工作只是与铁路大建设有关联的暂时性工作，于是弗兰克主动找到公司的一位主管，告诉对方自己希望留在公司做事，做什么工作都可以。对方被弗兰克的诚挚所感动，调他到另一个部门去清洁那些满是灰尘的车厢。不久，弗兰克通过自己的实干精神，成为通往海姆基迪德的早期邮政列车上的刹车手。

在以后的岁月里，弗兰克始终没有忘记自己的目标，他不断补充自己的铁路知识，废寝忘食地工作着。他每天负责运送100万名乘客，却从没有发生过重大交通事故，最终弗兰克终于实现了自己成为总裁的目标。谈及自己的成功，弗兰克总结说：“在我看来，对一个有目标的年轻人来说，没有什么不能改变的，也没有什么不能实现的，而且这样的人无论从事什么样的工作，在什么地方都会受到欢迎。”

有了目标，你会清楚自己该做什么，你会坚定自己的信念，进而激励自己前进，激发自身的潜能……目标是构成成功的基石，是成功路上的里程碑。弗兰克成功了，他用目标给自己制定了一个“靶子”，给自己指明了前进的方向，并且长时间地调动了奋斗激情，进而为人生添上了精彩的一笔。

你渴望像弗兰克一样卓越吗？你清楚你的人生目标吗？你准备做一个什么样的人？你准备达成哪些目标？你知道五年后或者十年后，甚至更久，你会走出一条怎样的人生路吗？请将它写下来，这就好像你在大海中握有航行图一样，它将影响你未来的走向和发展。

第四课

自律，是最有力的鞭策

谁也不能随随便便成功，它来自彻底的自我管理，即自律。这一点不难理解，因为作为一个个体，作为自我的主体，除了你自己，谁也约束不了你。如果你总是随心所欲地做事，不受任何的限制，自身能做的事不做或做不好，极有可能会因大失小，甚至铸成大错，后悔莫及。

古今中外，有才智但缺乏自律最终自取灭亡的例子不胜枚举，NBA 火箭队前锋埃迪·格里芬就是其中之一。

在很多人看来，格里芬是一个具有超人天赋的优秀运动员，他未来的发展也不可限量。但格里芬性格孤僻，又放荡不羁，在自律方面很是差劲。他曾在更衣室里暴打队友，违反球队纪律不参加训练更是家常便饭，并因酗酒曾接受过专门的戒酒治疗，多次吸毒被警察抓到……有哪个球队愿意收留这样的球员呢？2003 年，火箭队忍痛把格里芬开除了。

离开火箭队之后，网队收留了格里芬并送他去戒酒中心治疗，但他还是不能自律，经常缺席训练，还闹上法庭，两个月后他又被网队解雇。之后，明尼苏达森林狼队将格里芬招至帐下。开始的第一个赛季，格里芬还能好好打比赛，然而收敛了没有多久，他又开始惹是生非了，结果又被扫地出门。2007 年 8 月 17 日，格里芬因醉驾无视铁路警告，强行穿越铁路，结果撞上了一辆疾驶的货运列车，死时年仅25岁！

作为一个天才球员，却因为不自律而英年早逝，格里芬的经历让人唏嘘不已。

这里有一个形象的比喻，自律对于一个人来说就好像是一辆汽车的制动系统一样。如果一辆汽车光有发动机，而没有方向盘和刹车的调节，汽车就会失去控制，不能避开路上的各种障碍，就有撞车或翻车的危险。一个缺乏自律能力的人，就等于失去了方向盘和刹车的汽车，想想多么可怕啊。

扪心自问，你是一个自律的人吗？反省你日常的表现，如果你喜欢打游戏，并因此耽误了工作，你是放弃玩，还是继续玩？如果你今天计划做某件事，但早上睡意正浓，你是否会义无反顾地披衣下床？你是否总能按时做好你计划内的事情？你又有多少时间是花在规律性的活动上的……

如果你的答案是不肯定或不确定，你就需在自律上下一些功夫了。自律使人自知，使人时刻想到严格要求自己，使人养成良好行为习惯……这样一来，你的各方面素质将得到提高，自然更快更早地获得成功，这正印证了哈佛大学心理学教授保罗·哈莫尼斯所说的：“权力最终属于有自控力的人。”

美国最著名的脱口秀主持人欧普拉·温芙瑞就是遵循此道走向成功的。

1954年，欧普拉出生于密西西比的一个小镇。她是一个非婚生私生子，父母后来又分了手，之后她被母亲送到祖母家抚养。由于缺少父母的管教，欧普拉的生活混乱不堪，她学会了喝酒、抽烟、打架，甚至吸毒……13岁的时候，欧普拉因为遭到强奸和侮辱而屡次离家出走，差点儿被送进少年管教所。14岁时，她产下一个早夭的孩子……

很多人，包括欧普拉自己都认为自己的人生毫无希望了，岂料她的命运后来发生了转机。14岁时，欧普拉被送到父亲那儿，并受到了父亲严厉的看管。父亲要求欧普拉每个星期看一本书，并写一篇评论。父亲还告诉她："一个人唯有努力奋斗和自律才会走向成功。"欧普拉听了父亲的话，开始认真对待自己，她不仅开始用心看书、写评论，而且还自觉地戒烟、戒酒、戒毒等。渐渐地，她的生活走向了正轨。

后来，欧普拉考上了大学，之后19岁时她开始从事广播事业。1985年移居芝加哥后，她开始担任一个低收视率的晨间脱口秀主持人。在她幽默诙谐的主持风格下，不到一年时间节目就广受好评，改名为"欧普拉秀"，并在全美国同步播出。她曾被《福布斯》杂志评为"全球最具影响力的文艺名人"，跻身全球富豪之列。

欧普拉的人生经历最突出的是告诉我们，自律是一个人成功的法宝。

你爱自己吗？你渴望主宰自己的命运吗？那就先培养自律的心智吧！这不需要你有多么大的作为，只需你从日常小事中做起就可以。如严格要求自己，不放松、不懈怠，控制自己的惰性；克制私欲和贪念，约束自己的行为，勿以善小而不为，勿以恶小而为之，稳住心，沉住气……

接下来，你会发现，无论做什么事你都有条理可循，做事稳重，不留后患，夺回生活的主动权！这可能会为你带来许多意想不到的成功机会。

第五课

踩着别人的脚印，走不出自己的路

一个青年来到一片沼泽前，正想着如何通过的时候，看到不远处有一行脚印。“有脚印，说明有人走过。别人走过的，自己再走，肯定没有任何问题。”于是，青年没有迟疑，就顺着那串脚印走进了沼泽。结果是，他再也没有能走出来。接下来的几天，又有三人选择了跟那位青年一样，结果也是一样。直到第四天的晚上，下过一次大雨，那行脚印不存在了，才有人安全地通过了那片沼泽。

这个故事说了一个道理，不挣脱“思维栅栏”就容易让自己陷入绝境。

每个人都有属于自己的人生轨迹，对于有些人来说，前辈的经验总是没有错的，于是亦步亦趋地跟在“先知”后面，遵循着既定的秩序和固有的方式。这样固然可能少走弯路，但别忘了，别人走的不是自己的人生路，如果只知低头跟在别人身后，最终很可能会陷进无法逃离的深渊。

“思想栅栏”对于很多人而言，都是思想上的一大限制，但是很少有人有意改变这个问题。而且在很多人看来，思想僵化是没有办法改变的事实，自己已经定了型，无从改变了，于是丧失独立思考的能力，别人怎么过我们就怎么过，日复一日，年复一年。有这种想法的人可以说是对自己不负责，对自己不爱惜。

例如，工作中那些无法挣脱“思维栅栏”的人做事墨守成规、循规蹈矩，久而久之，面对问题的时候就不会寻求解决问题的新方法。在环境、事物没有发生较大改变时，他们也许还能做出一些成绩，但随着时间和环境的变化，旧方法和旧规则将逐渐不适应，此时他们就会无法适应新的环境，最后的结果只有遭受淘汰了。

在日常工作和生活中，我们也总是习惯相信权威人士，认为他们的判断准确无误、见解深入全面、观点不容置疑。我们也常常会看到这样的情景：两个人争论某个问题时，如果一方添加一些权威成分，则很容易“驳”得对方哑口无言，赞同自己的观点。可见权威对人们的影响力之大，操纵力之巨。

对于权威，我们固然需要持一种尊重态度，但是绝对不能一味地相信权威。

一次，罗素被邀请到一座城市讲学，听讲的大多是研究部门的学者。当这位大名鼎鼎的哲学家登上讲台后，在黑板上写了一个问题：“2+2=?”接着，罗素开始征求听众的答案。

大家看着这个问题，心里在暗暗琢磨：这么简单的一个问题，大哲学家怎么会出呢？对，肯定是大哲学家发现了鲜为人知的哲学新观点。大家纷纷这样想着。

尽管罗素一再强调希望有人将答案告诉他，但是下面却没有一个人敢贸然作答。当罗素点到了一位先生谈谈自己的答案的时候，这位先生竟面红耳赤，吞吞吐吐地说自己还没有想好。

罗素见状，笑着说：“二加二就等于四嘛！”下面的学者们这才恍然大悟。

过于崇拜权威会使人陷于迷信，会束缚人的思想，扼杀人的智慧。在权威面前连简单的事实也不敢承认，难道还敢质疑权威，开拓创新。

进一步说，那些所谓别人总结的经验、那些思维定式和习惯是真理吗，是不可改变的吗？显然不是。人非圣贤，孰能无过，即使是权威，在认识的领中域总还有未知的地方，在理解的层次上也难免会有误差。人类发展到现在阶段，在几千年的历史中，太多的错误被揭露，太多的谬论被指正。

一位员工这样说道："我每天规规矩矩地上下班，按照既定的方法和程序做事，兢兢业业地工作，可是为什么每次发奖金的时候，我都没有别人多？领导说我的工作效能不高、缺乏创新意识，我也知道自己做事比较死板。可是，创新哪有那么容易，而且要创新就要打破一些传统的东西。那可是延续了很长时间的规则，人微言轻的我怎么能随便改变历来被人们认为正确的规则呢？"

是的，在工作中规规矩矩、兢兢业业、没有犯错误是一位合格的员工的体现，但并不能称为敬业！敬业最好的表现，就是为公司提高业绩，这就需要创新，需要挣脱"思维栅栏"，需要我们能从新的角度，按照新的思维方式认识客观世界，创造出具有社会价值的物质成果和精神成果。

一个人是否具有创造力，是一流人才和庸人的分水岭。

美国亚拉巴马州有一个农夫，他得知有片农场以极低的价格出售，于是，从亲朋好友那里筹到了一笔钱，买了下来。后来，他发现，这片农场既不能种水果，也不能养猪，能够生长的只有树和响尾蛇。亲朋好友都劝他赶紧把这农场卖出去，虽然他因此痛悔自己的决定，可他并不打算就这样放弃。他日思夜想，终于想出了一个办法——开始做响尾蛇生意。

几年后，他的响尾蛇生意已经做得非常大了，每年都有上万人来参观他的农场。他在农场里建起了小饭店、杂货部、旅店。不过这些都不是最主要的，最主要的还是他的响尾蛇生意。他把响尾蛇身上的蛇毒和皮分别卖给了各大药厂、皮包厂，而响尾蛇的肉，他自己加工做成蛇肉罐头出售。由于他独到的眼光和天才的能力，在他做响尾蛇生意的第四年，就把从亲朋好友那里借的钱全部还上了，并且还赚了一大笔。

一个人花了巨资却买了一块“没用”的薄地，这对一般人来说都是个不小的打击，更别说，这位农夫的钱还是从亲朋好友那借来的。值得人们称赞的是，农夫并没有把眼光拘泥于种地上，而是另辟蹊径，想方设法地转换方向，寻找出路，最后获得了成功，这就是智慧的力量。

踩着别人的脚印，走不出自己的路。当你在投资一笔大生意上惨遭失败时，是否会觉得自己走了冤枉路而无法回头呢？当你在觉得骑虎难下、无力回天时，是否会像农夫一样，挣脱“思维栅栏”寻找出一条出路呢？

对于这个世界来说，谁能够思人所未思，做人所未做，肯下功夫打破常规，谁就能创出一片新天地来。所以，挣脱“思维栅栏”，不要束缚了自己。当原来的路走不通的时候，不要和自己过不去，要想办法开辟新路；当过去的方法不能迅速解决现在的问题时，不要和自己过不去，要寻找更高效的处理方法。

第六课

在叶落时，等待春天的来到

生活留给我们的往往是选择题，诸如在一个站台等公交车的时候会出现某一辆公交车迟迟不来的情况，一些人会选择坐上另一条路程更远的车，或者是宁愿花很长时间来倒车；在等电梯的时候，一些人会因为等电梯的人太多或者电梯迟迟不来而选择走楼梯上高层。可结果呢？乘坐了其他车的人往往在到达目的地时发现自己绕了一个很大的弯，先前所等的那辆车已经提前到达多时；不愿等电梯的人在气喘吁吁地到达自己要去的楼层时发现，电梯已经上下运行好几次了。

这是生活中司空见惯的现象，其实也可以将其总结出一些道理：当遇到无法抵抗的坏事情的时候，静静等候机会比横冲直撞地寻找路径要有用得多。在“等不及”这样一个紧箍咒的摧残下，很多人在慌不择路中做出了错误的选择，当信心和耐心被逐渐消磨的时候，距离最后的目的地往往是越来越远。

《韩非子·外储说左上》中有一篇寓言，名字叫作《释车下走》。齐景公在外出巡游的时候，突然接到快马的奏报，朝中重臣晏婴生命垂危，恐怕等不及和齐景公诀别了。齐景公听到这个消息，立刻准备掉转马头返回到都城。还没等齐景公起身，传信的侍从又到了。景公说：“快驾烦且（拉的）那辆马车，让主管韩枢驾车。”跑了几百步，他认为马主管赶得不快，夺过缰绳代替他（赶车），赶了大约几百步，认为坐马车没有跑得更快，干脆下车去跑。

齐景公的举动或许可以解释为一时心急，但是在现实生活中，不安于等待，贸然行动的实例还在少数吗？在很多时候，人们总是不断地向前奔跑，非要把自己弄得遍体鳞伤。如果有机会能够回头仔细想想，很多努力其实是一种无谓的牺牲。而且，没有了等待，生活也就失去了原本的意义。

有一个年轻人和女朋友约好了时间在某个地方进行约会，他很早就到达了指定的地点，可是他又没有等待的耐心，开始逐渐变得烦躁不安，甚至有些气急败坏。在百无聊赖的时候，他开始抱怨自己的女朋友为什么不能像他一样早来，开始抱怨选择在今天约会是多么的失败。

就在这个时候，他的面前来了一位老者。“我知道你在此抱怨的理由，”老者说道，“只要你戴上这块表，当你遇到不愿意等待的事情时，就将时针转动一下，这样你就可以跳过当时的时间，想要跳过多久都行。”

年轻人听到这里非常开心，在表示过感谢后，他欣然接受了这个神奇的礼物。在老者走后，年轻人试着将时针向前拨动了几个小时，果然他期待中的女友就出现了。见到有实际的效果，年轻人十分开心，心想，要是现在能与女友结婚该多好啊。于是他继续转动时针，眼前出现的是他与女友一起在婚礼上的场景。接下来，年轻人在飞快地转动中看到了豪华的别墅、名贵的跑车、奢侈的食物……年轻人一圈又一圈地向前透支着自己的生命。到了最后，他发现自己老了，疾病缠身，唯一的等待便是他即将面临死亡的现实。

此时的年轻人非常懊恼，悔恨自己就这样匆忙地走完了自己的一生。万念俱灰的他试着将钟表的指针向回调了一下，奇迹出现了。他突然之间回到了最开始的时间，回到了他女友还没有来的状态。此时，年轻人的焦虑和不安消失了，他开始心平气和地看着眼前蔚蓝的天空，开始看着周围富有生机的一切，甚至觉得爬到他身边的甲虫都是可爱至极的。

做任何事情都很难一气呵成地完成，其中有一部分的时间必然要花在休整、分析和判断之上。等待不是消磨时光、无所作为、庸庸碌碌，而是对一个人意志的考验。不愿意静心等待的人，往往在生活中表现得都比较烦躁，无法享受到生命的乐趣，当然也就没有足够的耐心等待成功的到来。

事实上，等待也是行走的一种状态。

有一次，凯·本从偏远的农村搭车到城市，车到途中忽然抛锚。那时正值夏季，午后的天气闷热难当，这着实让人着急。凯·本询问司机，得知车子修好要用三四个小时时，便独自步行到附近的一条河边。

河边清静凉爽，风景宜人，凯·本在河中畅游了一番之后，感到浑身的暑气全消、心清气爽。之后他躺在一片树荫下，迎着和煦的风，看着蔚蓝的天，听着婉转的鸟鸣，觉得此刻美妙极了。最后他又美美地睡了一觉。

等凯·本回来后，司机已经将车子修好了。此时已经将近黄昏，凯·本搭上车，趁着黄昏凉爽的风，直向城中驶进。尽管耽误了半天的时间，但是凯·本逢人便说："这是我平生最美妙、最愉快的一次旅行！"

在汽车抛锚又不能及早修好的情形下，别人可能会顶着烈日，气恼地抱怨车子怎么不能提早一分钟修好。而凯·本则利用这段时间安心地在河边享受了一番，如此这次旅行变成了最愉快的一次。等待的妙处由此可见一斑。

一个人若爱自己，就要学会在叶落时，等待春天的来到。

因为生命是一个过程，非常悲哀的一件事情就是一切不能够重来，最可喜的事情就是它不需要重新再来。在等待的时间里，走过的地方是永远不会再回头的，而在这段等待的时间里，其实你完全不必急躁，泡上一杯香茗，慢慢地品尝，不急不躁，静心等待美好未来的降临吧！

第七课 害怕什么，就尝试什么

你想在一切事情面前稳操胜券吗？好吧,这里有一个解决方法，害怕什么，你就尝试什么。

看看那些容易胆怯的人，他们虽然非常渴望得到成功，但是怯于现实和理想之间的差距，害怕可能出现的困难和挫败，总担心自己难以达到成功，往往也就没有了拼搏的劲头，这样的人是很难获得成功的。正如一句话所说："对于一个内心不够强大的人来说，恐惧心理似乎比危险本身可怕得多。"

扪心自问，你是否有太多的雄心壮志，却又有同样多的担忧。你期待向心爱的人求婚，幸福地生活，却又害怕被无情地拒绝；你羡慕那些能在公共场合侃侃而谈，却又害怕在人前讲话；你渴望在单位做耀眼、自信的人，却又羞怯于表现自己……心理的障碍如同一道坎儿，将你与成功隔绝开来。

如果你真的爱自己，如果你期望有所改变，你必须从现在开始明白：恐惧来自于一个事实，我们之所以心生胆怯，举步维艰，不是没有把整个局势分析透彻，反而是因为把困难看得太清楚、分析得太透彻、考虑得太详尽。但如果你真的尝试，尽管你害怕得要命，你就会发现，这些担心没有任何必要。

一位叫弗洛姆的美国心理学家曾做过一个实验，一天他带着几个学生走进了一间伸手不见五指的神秘房间。在弗洛姆的指引下，学生们摸着黑很快地穿过了一座架在房间中间的木桥。接着，弗洛姆打开房间里的一盏灯，学生们不禁吓出了一身冷汗。这间房子的地面居然是一个很深很大的水池，池子里蠕动着各种毒蛇，有好几条毒蛇正高高地昂着头，朝他们"滋滋"地吐着信子。

"谁还敢走这座桥吗?"弗洛姆问。学生们的脸苍白苍白的，没有一个人作声。弗洛姆又打开了几盏灯，整个房间一下子变得明亮起来。这时，学生们发现原来在小木桥的下方还装着一道黑色的安全网，密密麻麻地，完全能挡住下面的毒蛇。

"谁还敢走这座桥吗?"弗洛姆再问。过了片刻，终于有两个男学生犹豫着站了出来。他们异常小心地挪动着双脚，过桥的速度比第一次慢了许多。

"桥下的毒蛇对你们造成了心理威慑，你们胆怯了，慌了手脚，所以走得那么艰难。但刚进来时你们不是走得很好吗？现在为什么不试着忘记桥下的景象，像来时一样呢?"说完，弗洛姆目视着前方，稳稳当当地过桥了……

哲学家苏格拉底说过："人失去了勇敢，就失去了一切。"也就是说，任何事情都看似很难，实质不难。人只有首先战胜胆怯，做到无惧无畏，轻视、藐视，甚至是无视过程中的艰难险阻，才会具备势不可挡的征服力，将任何事情都能办好，从而拥有一切，包括辉煌的事业、成功的人生等。

所以，你大可尝试去做那些你向往和在意，但又感到害怕的事。比如，勇敢地向心爱的人求婚，在年终酒会上主动与人搭讪，主动向领导汇报你的工作进展，甚至去换个从未尝试过的发型……这都是你克服恐惧心理的良好开端。

如果你依然感到害怕，不妨再换一种思考方式，想一想可能发生的最坏情况是什么，在心里先接受最坏的结果，那么内心还有什么是不能承受的呢？

不相信吗？我们不妨来看一个真实的故事。

为了自己的将来，为了幸福的生活，艾尔·汉里每天都拼命地工作，经常顾不上一日三餐。有一天晚上，艾尔·汉里的胃出血了，被送到医院。专家说他得了胃病，“已经无药可救了”，他只能每天躺在病床上吃药，洗胃，吃半流质的东西。半年后公司不得不将艾尔·汉里辞退了，心爱的妻子也离他而去·艾尔·汉里心里难过极了，觉得人生没有任何的意义。他对自己的失败感到十分懊恼，他绝望地对自己说：“汉里，你简直糟糕透了，你没有什么别的指望了。”

但幸运的是，艾尔·汉里后来意识到这样根本不能解决自己的问题，他问自己：“可能发生的最坏情况是什么？”答案是：“死亡。”既然如此，还有什么可忧虑的呢？为何不好好利用剩下的这一点时间呢？艾尔·汉里一直梦想着能够环游世界，但是每天为工作奔波他哪里也没有去过，他决定在死亡之前完成这次旅行。就这样，艾尔·汉里让自己做好接受死亡的心理准备，他去买了一具棺材，把它运上轮船，然后和轮船公司约定好，万一他中途去世的话，就把他的尸体放在冷冻舱里，送到他的老家。他自由自在地享受大自然中的阳光、空气，再也不担心，忧虑什么了，因为他早已经接受了死亡的最坏情况……

令人惊讶的是，艾尔·汉里的身体并没有像预计的那样变得越来越糟糕，反而是越来越好。旅行回国后，他的胃恢复了正常功能，日常的任何食物都可以吃了，他开始投入工作，而且几乎完全忘记了自己曾濒临过死亡边缘。当别人询问艾尔·汉里用什么方式治好了自己的病时，他回答道：“我给自己判了死刑，这使我轻松下来，忘了所有的麻烦和忧虑，产生了新的体力，进而挽救了我的性命。”

死亡应该是最可怕的事了，如果死亡都能接受，那还有什么棘手的事呢？学学艾尔·汉里的做法吧，问问自己：“可能发生的最坏情况是什么？”切记，人活一辈子最无悔的莫过于做最喜欢的事，最爱自己的方式也莫过于做喜欢的事，如果你因为“害怕”而没有去做，肯定会抱憾终生的。

第十辑

／

生命

／

当我开始真正爱自己，

才发现，自己和他人的分歧、矛盾和问题并不可怕，

我也无须计较过去和未来哪一个更重要，

因为即使星星有时也会发生碰撞，

进而形成新的世界。

而这种碰撞，就是所谓的“生命”。

第一课

认识一个人，打开一扇门

在人际交往中，不少人的交往对象局限于喜欢的人、有共同语言的人。这种做法是无可厚非的，有古话说“道不同不相为谋”，又说“燕雀安知鸿鹄之志”，这都是指意见、理想或志趣不同的人是很难共事的，不能勉强。但请注意，这样的做法有时并不理智，很容易导致你的自身发展受限制。

约瑟是德国一家汽车配件制造厂的工人，他虽然在任用人才上采取唯才是用的原则，但却经常按着与工人之间的亲密程度来对待员工。对于一些自己喜欢的工人，他不但经常会和他们坐在一起聊天、喝茶等，还尽量满足他们的各种需求。对一些自己不喜欢的工人，他采取的则完全是另外一种态度，不但对他们的态度不够友善、亲和，而且还经常在工作中动不动就给予批评。

约瑟一直以为只要将那些自己喜欢也喜欢自己的工人笼络到身边就行了，而其他的那些则不必放在心上。令他完全没有想到的是，他的做法导致了众多工人的怨言：“我辛苦工作了一年了，他连一句多余的话都没和我说过。”“看来还是私人关系管用，我们再卖力气也没用！”就这样，很多工人的积极性下降，无事找事，最终致使车间生产效率低下，产品质量下降，企业陷入困境。

身为一个人，我们都有自己的情感世界和喜怒哀乐，但人内心的思想、观念、需求都是需要交流的，而且不论默契还是分歧，都有利于我们站到一个新的角度和立场上去认识、思考和分析问题，然后在双方或多方的互动过程中，获取到更多信息、智慧乃至信任。

“分歧其实比默契更重要，”美国管理学家杜拉克在《有效的管理者》一书中说，“想象力就像水一样，必须打开‘水龙头’才会流出来。而激发争辩的‘分歧’正是想象力水管的水龙头。”他认为，分歧可以激起相互辩驳、相互诘难，从而相互启发、相互提高，使人们对问题的认识更全面、更深刻。

认识一个人，打开一扇门。每一个人都有可能成为我们思想的启发者、智慧的提升者。所以，我们沟通时不应该局限于喜欢的人，而应该尽可能与所有人交流，通过最大范围的沟通，去表达和获取自己所需要的信息。

艾尔弗雷德·斯隆是美国某大企业的总裁，他认为决策的第一条规则就是“必须听取不同的意见”。他认为，正确的决策必须建立在对各种不同意见进行充分讨论的基础之上。在一次高级管理委员会的会议上，当他得知大家对一项决策的看法完全一致时，他却将这一决策推迟到下一次会议再进行，理由是：“在这期间，我们要充分考虑不同的意见，这样才能加深对决策的理解。”

另外，艾尔弗雷德·斯隆还在企业建立了一个“抱怨”登记制度，即员工们对企业有什么意见，都可以进行申诉登记。“抱怨”登记制度确立后，艾尔弗雷德·斯隆在企业的走廊里专门开辟了一个角落用来放空白的意见表，每个员工随手都能取到。写好后的意见表只要随手放入公司的任何一个信箱，都会被送到专职的“意见秘书”手中。而后者必须在限定的时间内，给予妥善地处理和书面答复。这些意见也会及时地被反映到高层，以便于他们做出趋利避害的决策。

孔子曰："君子和而不同，小人同而不和"。当在交流中出现反面意见时，既不要断然拒绝，也不要急于解释，而应以热情欢迎的态度，认真地、耐心地听取，然后再加以认真地分析，去其糟粕再取其精华。与每个人都能和谐地沟通，共享一份融洽的感情，相信你必将受益无穷。

第二课 熟悉的人，不应该变得陌生

生活在这个多彩的都市世界，任何一个人绝不是孤立的，每一个人都拥有朋友，每一个人都需要朋友。一个人的天空是狭小的、单调的，友情织成的天空是广阔的，也是灿烂的。可是，人们似乎习惯于过阶段性的生活，在大学有大学的朋友，工作了有工作后的朋友，换了新环境会有新的朋友……

拓展自己的朋友圈无可厚非，但是在发展新朋友的同时，很多人却和以往的死党日渐疏远了，直至最后失去联系……所以，很多人都感叹"越长大越孤单"。

为什么一定要让自己活得如此悲情呢？既然怀念，为什么不和朋友一直保持联系呢？深深的感情不会因为距离和时间而变淡，在悲伤时、快乐时像以往一样给朋友打个电话，在朋友不安的时候去安慰他，这样的羁绊是无法打破的。当徜徉在友情的天地中时，我们一定会更有幸福感的。

有时你或许会担心，自己随时给朋友打电话会不会耽误对方，因为不知道对方现在正在做些什么。其实你的朋友也在这样想。如果两个人习惯了不去联系，日子久了，两个人的距离就会越来越遥远。当某天收到朋友婚礼请柬、乔迁请柬的时候，才会感叹，原来我们已经变成了熟悉的陌生人了。

不管什么时候，朋友之间的联系都不该断掉，就算忙碌，抽出一点时间发个短信，问问对方近况，说说自己的生活，友情就能一直维持下去。但若是自己不肯付出，一味地等着对方靠近，那么你们只能渐行渐远。不要总是挑朋友的问题，感叹命运的安排，想想自己是否真的在意过朋友，便知道事实的真相了。

从前，有两个饥饿的人得到了一位长者的恩赐：一根鱼竿和一篓鲜活硕大的鱼。其中，一个人要了一篓鱼，另一个人要了一根鱼竿。要想好好地生存下去，就要找到大海，而大海离这里还有很长的一段路要走。

得到一篓鱼的人饿极了，就在原地用干柴搭起篝火煮了一条鱼，不过他没有自私地把鱼吃个精光，而是把一半给了得到渔竿的人。两人吃完鱼后不饿了，便商定共同去找寻大海，每次只煮一条鱼，一人一半。

经过长期的跋涉，这两人终于来到了海边，这时候鱼篓里的鱼已经吃完了。得到渔竿的人开始钓鱼了，为了回报，他将钓到的鱼分给了得到鱼的人。从此两人捕鱼为生，过上了幸福安康的生活。

两个人没有被自私蒙蔽双眼，他们把自己的东西让一半给对方，互助互爱，最后战胜了饥饿，走出了困境，拥有了幸福，还得到了珍贵的友谊。可贵的友情就是这样，惺惺相惜，同舟共济。在生活中，如果我们拥有这样的友情，千万要懂得珍惜，不要让这样的朋友在我们的人生中消失。

人的一生不可能一帆风顺，朋友难免会碰到失利、受挫或面临困境的时候，这时候我们更要及时伸出热情的手，关爱和帮助朋友。哪怕你只是尽了绵薄之力，他也会由衷地感激，将会用最真诚的心来结交你这个朋友。日后什么时候你遇到了困难，他也会在重要之时助你一臂之力。

诗人纪伯伦曾说过："和你一同笑过的人你也许很快就把他忘却，而同你一同哭过的人，你也许一生都会记住他。"其实道理很简单，"危难之中见真情"，人在遇到难处的时候特别渴望得到朋友的爱，你及时的关爱和帮助无疑是雪中送炭。朋友之间就是这样，锦上添花不足贵，雪中送炭才是君子所为。

有了这一层羁绊，友情永远不会变淡。

那时孟同刚刚毕业参加工作，因工作中的一点小失误被迫辞了职，但他照例得给家里寄钱以供弟妹上学。身上的钱已经所剩无几，因交不起房租一再被房东抱怨，但孟同是一个自尊心很强的人，在朋友面前从不表现出来。

一天，朋友来孟同家里玩儿，不巧的是孟同临时接到面试的通知。他让朋友先在家里待会儿，自己就去面试了。等他再回来时，看见桌上放了1000块钱。这时手机响了，朋友发来了一条信息，说"房租已交，钱留着用"。原来方才房东又来催交房租了，朋友便慷慨解囊。短短几行字，孟同热泪盈眶，一份感动充满了他的内心。

多年过去了，孟同已经由一个穷小子变成了一个成功人士，而这部手机、这条信息他始终保留着。孟同知道自己在意的不是这些，而是那一份真挚的友情。后来孟同听说朋友的父亲得了重病需要做手术，朋友因资金不够踌躇不已。第二天，他什么也没说就给朋友的父亲交了十万元的手术费。

在危急的关键时刻，正是真正考验友情的时刻。在孟同人生的低谷，在最需要帮助的时候，朋友挺身而出，帮了一把，让他渡过了暂时的难关，这是一种付出。当朋友面临困难时，孟同也及时伸出援手，这是一种回报。苦难面前，不离不弃，这才是真正的朋友，这才是真正的友谊。

曾经听过这样的话："茫茫人海，漫漫长路，你我相遇，成为相互。相互就是走累了一起扶助，走远了一起回顾；相互就是痛苦了一起倾诉，快乐了一起投入。"真正的朋友就是这样一种"相互"，无论在何时何地，并肩站立，携手同行。所以真心地爱你的朋友吧，给他们支持和帮助，温暖和感动。

千百年来，歌颂友谊的诗句百听不厌，李白的"桃花潭水深千尺，不及汪伦送我情"，苏东坡的"但愿人长久，千里共婵娟"，王维的"劝君更尽一杯酒，西出阳关无故人"，何逊的"春草似青袍，秋月如团扇，三五出重云，当知我忆君"，王勃的"海内存知己，天涯若比邻"……

我们需要可贵的友情，这种感情不依靠什么，不企求什么，它是纯净而温馨的，是我们幸福大道的铺路石。岁月如海，友情如歌，一首《朋友》道尽情愫："朋友一生一起走，那些日子不再有，一句话一辈子，一生情一杯酒。朋友不曾孤单过，一声朋友你会懂，还有伤，还有痛，还要走，还有我……"

第三课

烛光晚餐的启示

在别人眼里，美玉是一个幸福的女人，因为她有一段郎才女貌的爱情。在长达三年的恋爱里，两人一直都如胶似漆。一年前，美玉是在众人无数的羡慕和祝福中走入她憧憬已久的婚姻殿堂的。但最近美玉总显得有些不开心，朋友聚会时常听到她在抱怨婚姻生活就是家长里短、柴米油盐，平淡得近似无趣。

原来，当新婚的甜蜜和激情褪去之后，美玉发现当初那个被她认为浪漫多情、细致体贴的男人却变得有些懒惰起来，不再为她多花心思、关怀备至。再加上家务的烦琐、工作的压力，两个人似乎很难再有激情的火花碰撞。他们说不到一起，做不到一起，矛盾、争吵、分居，甚至各自负气出走。

美玉很困惑：难道婚姻真的就是爱情的坟墓吗？婚姻生活就真的是这样平淡无趣？

同为围城中人，相信很多男女都体会过美玉说的细节，也大都能理解她的抱怨。

家是一个避风港，是每个人心中最柔软的地方。但往往结婚时间长了，婚姻中的两个人就像左手和右手，热恋时的激情越磨越少，剩下的就是柴米油盐酱醋茶的日子和各自真实的性格与脾气，难免沉闷和琐碎。难怪大多数人说，婚姻就像是一个围城，里面的人想冲出来，外面的人想冲进去。

你甘心吗？难道所有的婚姻只能走这一条老路吗？其实不然，婚姻生活虽然不及恋爱时期那般波澜壮阔，但只要我们用心去对待，却也自有它的甜美和温馨。对此，浪漫是一种不错的方法。如果说婚姻真像一座围城的话，那浪漫就像绿树和鲜花，可以让这座围城春光烂漫，美丽如画。

看到这里你也许会说，浪漫是需要金钱的，婚姻是要过日子的，经不起浪漫，如果没钱那就更浪漫不起来了。错了，浪漫是一种增进感情的方式，花不了多少钱！有时候，一束鲜花，一条短信，甚至一声简单的问候都将会在对方心中激起层层涟漪，都可以挽救一场即将走上末路的爱情。

《第一次亲密接触》里轻舞飞扬对痞子蔡说："你跟浪漫有仇吗？我想问我认识的或不认识的男人，你们和浪漫有仇吗？如果你们肯把抽烟的钱变成鲜花，那么我相信，你们身边的女人就会成为最幸福的女人。"一块蛋糕、一枝玫瑰……浪漫看起来是虚的，但效果却是实实在在的。

我们经常在电影里看到烛光晚餐，这是二人世界的最佳节目，但是很多人一定没做过吧。

玛丽与路易已经结婚六年，有人说婚姻走到这个阶段，夫妻双方都会产生审美疲劳，婚姻生活也会由此变得平淡。然而，他们的婚姻不但没有日益平淡，反而越来越有情调，越来越幸福。他们的"秘籍"就是对经营婚姻和感情颇为用心，可以说是花费了不少心思，不时地给对方制造浪漫。

路易很上进，很努力，但或许是运气不太好，他的事业一直不温不火，玛丽陪着他一起走过了不少清贫的岁月，没有漂亮的衣服，没有宽敞的房屋，没有气派的汽车……但每逢节假日的时候，路易都会从繁忙的工作中抽身出来制造浪漫。路易没有足够的钱带玛丽去什么西餐厅、大餐馆，不过他总会亲手做一桌子平常玛丽最喜欢的饭菜，还要在饭桌旁点燃几根蜡烛，在房间放一支她喜欢的曲子。

昏黄色的灯光、温柔的音乐、精致的食物、浪漫的气氛……试想，哪个女人能够拒绝这样的浪漫，不心生暖意呢？一对相爱的情侣不自觉地融入当中……每到这时，玛丽的脸上就洋溢出幸福的笑容，觉得生活甜蜜无比。

烛光晚餐为什么受欢迎？因为生命需要浪漫。柔和的灯光、舒缓的音乐、干净整洁的环境可以让人感到舒适、安全，令人沉醉，这是许多恋人们最喜欢的情调。当然，吃不是目的，用真心创造浪漫生活，享受爱的温情才是最主要的。

浪漫无须用金钱去堆砌，无须豪华的装饰做底，投入你对她的真情就足够了。就像故事中的路易一样，给她烛光晚餐，用自己的真心，在烛光摇曳中，流露自己的爱意。当妻子玛丽理解了他的用心，感觉到了他的爱意时，也就拥有了浪漫的感觉。倘若没有真情在，那再好的烛光晚餐都势必要大打折扣。

所以，不要以为结婚了就不必营造浪漫的气氛。想获取一份白头终老的幸福，就需要用心去对待，偶尔制造一下浪漫。这既可以使你的婚姻生活变得五彩缤纷，又可以永葆爱情的新鲜美好。朝斯暮守、温馨甜美的日子不正是每一对终成眷属的有情人曾经梦寐以求的吗？

不妨试试吧！即使之前的你不擅经营婚姻，现在开始也为时不晚。

第四课

没有水源就没有生命，没有父母就没有我们

在爱的花园中，有一朵花没有浓烈的香气，没有美艳的花形，看似那样平凡无奇，那样容易被人忽略，但是它是开得时间最久的，就算干枯了花色也不退，这朵花就是父母对儿女的爱。他们将全部的爱奉献出来，默默付出不求回报，将不平凡的爱寓于平凡中，是那么深沉、隽永、悠长！

可是我们呢，总是认为这种爱是理所应当的，总是在强调着自己的酸甜苦辣，终日迷恋于物质、追求，一次次把父母抛之脑后。“等我升职了一定回家看他们”、“等我发达了再好好孝敬他们”……一年又一年，任孤独一再地摧毁父母的容颜，任辛苦不停地压弯父母们的脊梁。

殊不知，人生中很多事情是可以等的，但是对待父母的爱、孝敬父母是不能等的。因为时间如水，我们在一天天成长的同时，父母却在一天天老去。即使我们对父母的感恩来得及，我们是否想过父母等得及吗？世间最痛苦的事情莫过于“子欲孝而亲不待”。

杨伟在京城有一份体面的工作，那是一个离家很远的城市。职场上的竞争压力让杨伟不敢松懈，而且他一心想得到更多升职的机会，回家看望父母的时间特别少。每次打电话回家，两位老人都会问：“你这周末有时间吗？回家看看吧！”杨伟总是搪塞着，他已经记不清有过多少次这种电话了，而母亲也通情达理：

“没事，忙你的工作吧，有你父亲陪着我就行。你好好照顾自己，我就放心了。”

这次，父亲打来了电话，坚持要杨伟回家看看，说是母亲生命垂危。杨伟赶紧放下手头工作驱车回家。见到母亲的一刹那，他呆住了，半年没见母亲居然瘦弱得不成样了……原来，母亲一年前就已经查出患了癌症，她想告诉杨伟这个噩耗，但又担心耽误孩子的正常工作，只好每次打电话时问杨伟回不回家。但是每次杨伟都会有各种各样不回家的理由，母亲只好无奈地作罢。

怎么会这样，怎么会这样？杨伟的内心像针扎了一样，这些年他只想着通过自己的奋斗让父母将来过上好日子，万万没想到母亲已经等不了了。他恨自己当初的无知，后悔没有好好陪陪母亲。杨伟任由泪水肆意地流淌着，这是愧疚的泪，也是痛苦的泪，是对于自己不孝的忏悔的泪……

“慈母手中线，游子身上衣。临行密密缝，意恐迟迟归”。多么真实的生活写照，它道出了所有父母的心声。正因为如此，趁父母还健在时，去爱他们吧，说出对他们的爱吧！一定！这是因为拖到明天或许就晚了。到那时，那些没有说出口的感激的话语、爱的话语将如鲠在喉，使你感到沉重和痛苦，无法解脱！

没有人能够坦然面对父母的离去，因为父母虽然无法陪伴我们一生，但却一直在我们身边帮助我们走了多半生。为什么要到无法挽救的地步才去后悔呢？父母生下我们，养育我们从来没有考虑要等多少年，从我们出生那一刻开始，他们的人生就分了一半给我们。可是我们却习惯于过自己的生活，忘记了守候的父母。

仔细想想，父母盼望的不是儿女的飞黄腾达，需要的不是儿女充裕的物质孝养，他们的要求其实很简单，那就是子女平安幸福就好，子女常回家看看就好，子女多一些问候就好。一旦感受到子女的挂念和关爱，他们的心中就会洋溢着一股别样的幸福和快乐，这远胜过物质的慰藉。

所以，孝顺不在乎你物质上的给予有多少，不在乎你心里想了多少，而在于你真心去做了多少，在于蕴含其间的真情挚意。别再找各种各样的理由了，从今天开始，常回家看看父母，抽时间陪陪父母，听从父母的教导，关心父母的健康，分担父母的忧虑，好好用爱回报父母吧，让他们真正享受你所给予的快乐。

正如《常回家看看》里唱的那样："找点空闲，找点时间，领着孩子常回家看看，带上笑容，带上祝愿，陪同爱人常回家看看。妈妈准备了一些唠叨，爸爸张罗了一桌好饭。生活的烦恼跟妈妈说说，工作的事情向爸爸谈谈。老人不图儿女为家做多大贡献，一辈子总操心就为了平平安安。"

还有这样一段感人至深的文字，相信每个人读完之后都会百感交集："他们花了很多时间，教你用勺子、筷子吃东西，教你穿衣服、绑鞋带、系扣子，教你洗脸，教你梳头发，教你做人的道理。所以……当他们有一天变老时，当他们想不起来或接不上话时，当他们哆哆嗦嗦地重复一些老掉牙的故事时，请不要怪罪他们。当他们忘记绑鞋带、系扣子，当他们开始在吃饭时弄脏衣服、当他们梳头时手开始不停地颤抖，请不要催促他们……因为你在慢慢长大，而他们却在慢慢变老……只要你在他们眼前的时候，他们的心就会很温暖。如果有一天他们站也站不稳、走也走不动的时候，请你紧紧握住他们的手，陪他们慢慢地走，就像当年他们牵着你一样。"

"父兮生我，母兮鞠我，拊我蓄我，长我育我，顾我复我。"做儿女的不能总想着要"索取"爱，要父母理解你，包容你，而是要时时刻刻想着怎么"给予"爱，尽可能地对父母做一些感恩的事情。你会发现，这不仅是善待父母，也是善待自己。每一次付出都是对内心的洗礼，每一次给予都是精神的升华。

第五课

昨天已逝，明天未到，珍惜此刻

斯宾塞·约翰逊曾经出过一本名叫《礼物》的书，讲述的是一位充满智慧的老人告诉孩子世界上有一个特别的礼物，能够让人生更快乐，而这个礼物只有靠自己的力量才能够找到。孩子从童年到青年，想尽办法四处寻找，越是拼命找越是不快乐。他生命中的礼物始终都没有出现。后来，年轻人决定放弃，不再盲目地追寻，这时候他突然发现，那份礼物其实一直都在他身边，这个人生最好的礼物就是“此刻”。

当你存心去找幸福的时候，往往会空手而归；只要让自己活在“当下”，全神贯注于周围的事物，幸福就会不请自来。或许人生的意义不过是嗅嗅身旁每一朵绮丽的花，享受一路走来的点点滴滴。

人们总是迫切地想要得到更多，却从未在意自己拥有的一切。直到有一天，拥有的也失去了，才后悔没有好好珍惜。然而，时光不可逆转，人生也不可能重来。生命就如同一条河流，和时间绑在一起，一刻不停地向前运转着。我们期待的明天早晚会到来，而我们逝去的昨天永远不会回来，这就是时间，就是生命。

在这个过程当中，如果我们总是将希望给予明天，将追忆给予昨天，那么我们给予今天的是什么呢？

她有一个疼爱她的男人，可是她始终都不满足。过生日那天，她要求他全天陪伴，他同意了。于是，她把一大群朋友都请到家里来庆祝，而他一个人忙来忙去，服务周到，却还时不时挨她几个白眼。

傍晚，他接到公司领导的电话，要求他到单位加班。无奈之下，他只能提前退席。他对那些客人们说了一堆道歉的话，并想尽办法安抚她。可是她不依不饶，马上要切生日蛋糕了，他却要出门，她觉得在朋友面前很没面子。愤怒中，她把他推出门外，嚷着说："你走吧，走了就再也别见我。"无论他在门外如何解释，她都充耳不闻。他打她的手机，她干脆把手机关了，强颜欢笑地面对朋友们尴尬的眼光。

第二天，一直没有他的消息。她终于控制不住把手机打开了，上面有他发来的一条短信："亲爱的，还在生气吗？我在回来的路上，我马上就回来陪你了……"时间是凌晨六点，可她看看表，已经八点了。她等了许久，一直没有等到他来。焦急中，传来了噩耗：他边发短信边开车，在一个十字路口与一辆大货车相撞，车毁人亡……那一刻，她欲哭无泪。

"人生难得今已得，佛法难闻今已闻。此生不向今生度，更待何生度此生。"这段话告诉我们：当一切都还美好地存在着时，应该把握生命，珍惜拥有的一切；若是等到生命终结的钟声已响，才来补救恐怕就无济于事了。在彼此拥有的日子里，她没能好好珍惜他。直到失去了他，她才恍然大悟：原来自已曾经拥有太多，只是从未在意过那些幸福。他的离开已是不可更改的事实，她为之心痛欲裂，也无法改变什么，失去爱人的伤痛只能让时间来慢慢抚平。

聪明的人懂得爱自己，在有限的生命中享受眼前的幸福，好好珍惜手中的一切，把握当下！因为每一天、每一时、每一分都是特殊的时刻，每一个刹那都是唯一。

把握当下并不难，只要做好今天的事情就行了，只要珍惜此刻的时光就行了，不必担心昨天和明天的事。当玩的时候，就尽情地去玩，忘却所有的烦恼和不快；当爱上一个人的时候，就全然地去爱，不要计较过去，也不要计较那些无谓的琐事，只要全心投入就好了；当想做好一件事的时候，就付诸行动，不要在等待中将理想扼杀；认真地对待身边的每一个人，别让自己徒留“为时已晚”的遗憾。

逝者不可追，来者犹可待，真正的满足在“此时此刻”。坚持活在当下的过程中，把握生命中的此时此刻。如此，你就能够享受每一个今天，那些想追求的美好事物，不必费心等到以后，现在便已拥有。如此就算有一天你的容颜老去，韶华不再，你依然可以恬淡地微笑，并且永远不会后悔。

第六课
此生此世，变成自己最喜欢的样子

你想做一个成功和幸福的人，更好地去爱自己吗？

毋庸置疑，当你拿起这本书时，你的回答十有八九是肯定的。如何做到呢？前面我们已经讲了很多，这里再介绍一个实用的方法，那就是梦想。梦想是什么？梦想是一个人内心对人生、对自己的一种希望。这是一种强大、神秘的力量，且潜力无限，可以影响一个人的感受，改变人一生的走向。

梦想，给人们带来希望、光明和心灵的洗涤，会带领着我们向积极的方向发展。我们把自己想象成什么样的人，我们就会变成什么样的人，甚至是自己最喜欢的样子。

如果你对此心存怀疑，那就来看一下心理学家的一个试验吧。

试验中，心理学家把一些水平相似的学生分成三组，进行不同方式的投篮技艺训练，如第一组学生坚持每天练习投篮，练习时不提任何要求，自由自在；第二组每天下午在体育馆练习一小时；第三组每天在自己的想象中练习一个小时投篮，如果投篮不中，就想象自己投出的球都是中的，在想象中对此做相应的纠正。一个月后，三组队员进行了投篮考试，结果令人吃惊：第一组由于一个月没有练习，投篮平均水平由39%降到37%；第二组由于在体育馆坚持了练习，平均水平由39%上升到41%；第三组在想象中练习的队员，平均水平却由39%提高到42.5%。

在想象中练习投篮居然能比在体育馆中练习投篮提高得快？你对此是不是很费解？其实道理很简单，因为在第三组学生的想象中，他们投出的球都是中的！在这种积极的想象中，他们不断地模拟着自己想要获得的经历，结果内心的潜能得到了有效激发，最后真的提高了命中率。

是的，梦想就是拥有如此强大的力量。因为它会有意识地造就一个我们心中理想的新形象。这个新形象会引发一定的思维和行为模式，就连说话的方式、思维的逻辑基础，都不由地臣服于它，调动全身的积极力量。

比如，当你心里想着“我想让老板给我加薪升职”时，面对工作你就会变得更加积极主动，原本过去只是拜访一个客户，可现在你为了尽快实现自己的理想，会去拜访两个甚至三个客户。于是，你整个人在工作中的状态就会发生改变，你带给周围的同事和老板的印象也会所有改变，他们会觉得你充满着活力，积极向上，勤勤恳恳，再有加薪升职的机会时他们立刻就会想到你。

马丁·路德金说“我有一个梦想”；切·格瓦拉说“让我们忠于梦想，让我们面对现实”；苏格拉底说“世界上最快乐的事，莫过于为梦想而奋斗”……

生命是一场梦想的跋涉，无梦就无望，无望则无成。你有多久没做梦了？你的梦想是什么，还记得吗？如果你没有梦想，那么不妨花点时间，此刻就来给自己制定一个梦想，确定心中想要的东西。当我们做出决定的那一刻，命运也就注定了！功成名就者与碌碌无为者的主要区别正在于此。

一个真正爱自己的人，无论生活多么烦琐、处境多么艰辛，永远都会为自己编织华美绮丽的梦想，善待自己的梦想，追求自己的梦想，并用梦想陶冶自己的情操。无疑，这种人的生活是光彩熠熠的，生命是多姿多彩的。

下面，我们来分享一个故事。

特莱艾·特伦恩特1965年生于津巴布韦，她有一个梦想，就是接受系统的教育。但由于家境十分贫困，她又是女孩子，所以她只上了一年学就被父母要求辍学回家做家务，并供哥哥上学。对于特莱艾来说每天最快乐的事莫过于哥哥放学回家了，因为她可以翻看哥哥的课本，帮助哥哥做功课。小学老师知情后，恳求特莱艾的父亲让她回校，然而父亲不为所动，并在特莱艾11岁时将她嫁了出去。

特莱艾结婚生子，十几年后她已是需要照顾五个孩子的家庭主妇，年过三十依然贫困。更糟糕的是她的丈夫是一位艾滋病患者，常常毒打特莱艾。

生活如此的不如意，但特莱艾并没有放弃受教育的渴望。听闻一个国际援助组织的志愿者团队路过所居住的村庄时，特莱艾主动找到了他们，并向带队的一位志愿者乔·拉克道出了自己的梦想，并希望对方能帮助自己实现梦想。

“只要你有梦想，你就能实现，”乔·拉克女士热情地鼓舞了特莱艾，并在国际援助组给特莱艾安排了一份工作。特莱艾不辞劳苦地工作，她将挣来的工资攒下来报了一个函授班，从小学课程一直补到高中，后来她被美国一所大学录取。再后来，特莱艾卖掉了家里的牛羊，安顿好几个孩子之后，踏上了漫长的求学之路。她在持续的贫穷和疲累等种种困难中完成学业，最终2009年在美国西密执安大学获得哲学博士学位。现在，她在国际援助组织担当项目评估专家。

自幼辍学，操劳家务；年幼嫁人，生活贫困；忍受着身患艾滋病丈夫的家庭暴力，特莱艾还能有多少人生梦想？可在这种种打击下，特莱艾始终铭记自己的梦想，没有放弃受教育的渴望，并且为之奋斗。最终，她变成了自己最喜欢的样子，她的命运有了转机，生活掀开了新篇章。

你羡慕特莱艾的人生吗？告诉你，你也可以，如果你拥有梦想。